首都经济贸易大学出版基金资助
北京市哲学社会科学基金基地项目（16JDYJB028）
首都经济贸易大学学术骨干培养计划（00791754840263）

"互联网 +"
人工智能技术实现

刘经纬　朱敏玲　杨蕾　著

首都经济贸易大学出版社
Capital University of Economics and Business Press
·北 京·

图书在版编目（CIP）数据

"互联网＋"人工智能技术实现/刘经纬,朱敏玲,杨蕾著. －－北京:首都经济贸易大学出版社,2019.6

ISBN 978 - 7 - 5638 - 2919 - 4

Ⅰ.①互⋯　Ⅱ.①刘⋯ ②朱⋯ ③杨⋯　Ⅲ.①人工智能—应用—监控系统　Ⅳ.①TN948.65

中国版本图书馆 CIP 数据核字（2019）第 046626 号

"互联网＋"人工智能技术实现

刘经纬　朱敏玲　杨蕾　著

责任编辑	洪　敏	
封面设计	风得信·阿东　FondesyDesign	
出版发行	首都经济贸易大学出版社	
地　　址	北京市朝阳区红庙（邮编 100026）	
电　　话	(010)65976483　65065761　65071505（传真）	
网　　址	http://www.sjmcb.com	
E - mail	publish@cueb.edu.cn	
经　　销	全国新华书店	
照　　排	北京砚祥志远激光照排技术有限公司	
印　　刷	北京九州迅驰传媒文化有限公司	
开　　本	710 毫米×1000 毫米　1/16	
字　　数	132 千字	
印　　张	7.5	
版　　次	2019 年 6 月第 1 版　2020 年 1 月第 2 次印刷	
书　　号	ISBN 978 - 7 - 5638 - 2919 - 4/TN·2	
定　　价	35.00 元	

前　　言

　　"互联网+"和"人工智能"技术快速发展、广泛应用,智能家居(如智能机器人、智能监控、智能家居物联网系统)作为一种远程监控和安防的有效手段,日益受到人们的重视,并在各行各业中得到了广泛的应用。如何实现有效地从家庭、幼儿园、博物馆监控视频中发现异常情况,即通过自动分析图像数据、判断异常类型,进而采取相应的处理措施,一直受到学术界、产业界和管理部门的高度重视,并成为智能监控系统研究和开发的重点内容。

　　本书从人工智能的角度出发,以"大智移云"方法与技术和智能家居领域中的异常检测应用为案例,对人工智能方法应用于监控视频中出现的入侵、异常区域进行发现、分割、处理和分析等方法进行研究。同时,在对模式识别技术和信号分析方法进行深入研究的基础上,论述了一种可以应用于智能监控中的自适应小波神经网络方法,进行了计算机仿真,并构建了一个实际应用系统。

　　本书主要完成的工作包括三部分。

　　(1)对国内外视频监控技术和视频分析技术进行了研究,重点分析了视频监控中常用的模式识别技术和信号分析方法的优点和存在的问题。

　　(2)研究和设计了一种针对图像和视频处理的自适应小波神经网络方法。通过计算机仿真,对该算法进行了可行性验证实验、调整关键参数实验和与类似算法的对比实验,验证了该算法的性能特点,给出了算法参数的选择方法。同时,给出了将这种方法用于智能监控的应用实例。

　　(3)构建了基于自适应小波神经网络方法的智能视频监控系统,在实际应用系统中对该方法进行了验证。通过移动目标入侵监控区域的实验,验证了该系统具有发现异常目标,并对其进行分割、处理和分析的功能,得到了系统运行的性能指标。

本书的特点与价值体现在三个方面。

(1)对国内外现有的基于神经网络的人工智能方法进行了详细的梳理,通过本书可以学会该领域的核心方法。

(2)提出了将小波分析理论与神经计算科学的方法相结合,从而得到具有更好性能的人工智能方法——自适应小波神经网络方法,并通过理论和计算机仿真研究对其进行深入和详细的阐述。

(3)对本研究提出的方法在智能家居等多个领域给出了应用解决方案,使得该行业的企业等机构可以快速形成产品。该项目基于首都机场公安局在机场、公安、交通指挥工作的真实项目,将最新的"互联网+"和"人工智能"应用于生活工作实践中。

首都机场公安局在本书撰写过程中给予了极大的支持与帮助,合作研发的基于"大智移云"新工科技术的智能交通指挥方法与系统应用于首都机场与北京新机场的警务与交通指挥业务中,取得了良好的效果。

首都机场公安局李强等警官敬业的态度与先进的理念,最终促成了本项目研究成果的落地。本项目最终得到了来自清华大学、北京大学、北京交通大学、华为技术有限公司等同行业学者与专家的一致认可。慧科教育集团李祺、徐晶老师在大数据技术和虚拟现实与可视化技术方面给予本项目重大的帮助。清华大学信息技术研究院赵辉博士后也为本专著的出版在学术研究方面给予大量的指导。在此一并感谢。

特别感谢以下基金项目对本专著出版的支持:首都经济贸易大学学术出版资助项目;北京哲学社会科学基金研究基地项目(16JDYJB028);首都经济贸易大学学术骨干培养计划(00791754840263)。

目 录

CONTENTS

1 绪 论

本章从"互联网+"智能家居应用领域提出的实际需求出发，首先阐述了研究背景和研究意义；介绍了国内外视频监控技术的发展历程以及第三代网络视频监控技术和智能视频监控技术的特点和应用现状；对本书重点研究的视频分析技术的研究范围、应用现状和研究现状展开分析；指明了本书的研究目标和研究内容；最后给出全书内容的结构安排。

1.1 "互联网+智能系统"的背景与意义

随着计算机网络技术、微电子技术、通信技术、多媒体技术的快速发展和人民生活水平的显著提高，智能家居中智能视频分析系统得到广泛应用。视频监控系统作为安防的一种有效手段，已经由传统的模拟方式步入了数字式的网络时代，并以其方便、直观、内容丰富等特点，日益受到人们的重视，并在各行各业中得到了广泛的应用。

与模拟监控系统相比，数字监控系统借助于计算机网络突破了模拟信号传输距离上的限制，使监控可以无所不在。更重要的是，数字监控系统以计算机为处理核心，除了能够实现多媒体信息处理如压缩、传输、存储和播放等基本功能之外，还能够实现自动异常报警、智能存储和快速检索等高级功能，实现模拟监控无法实现的真正意义上的"监控"功能。由于数字式网络监控系统功能强大、成本低、使用方式灵活而且应用广泛，蕴含了巨大商机，受到了学术界、产业界和管理部门的高度重视，各界学者适时地提出了智能视频监控的概念。

智能视频监控系统实时监视真实场景，获取实时的视频数据，提取和跟踪场景中的运动目标，记录目标的活动过程，通过计算机的自动分析，产生对目标活动状态的理解，从而向监控人员提供简洁有效的监控信息。其核心是目标的自动提取、跟踪和事件的检测。智能化的监控系统可以大量减少工作人员，提高工作

1

效率，极大地提高监控系统的性能，有着非常广泛的应用前景，具有重要的应用价值。这项技术主要涉及计算机视觉、模式识别以及人工智能等，具有重要的理论意义和研究意义。

从功能上讲，智能视频监控可用于安全防范、信息获取和指挥调度等方面。例如，对于安全要求非常高的地方，如银行、机场、展会、政府等重要部门无人值守的场所，需要随时保证贵重物品的完好无损并防范非法入侵情况的发生；在森林中，管理员需要随时了解各个地点的情况，防止火灾、偷猎等事件的发生；在公路上，交管部门需要随时记录各路段的车辆流量和路况信息，记录违章车辆，实现准确快速地指挥调度，提高处理突发交通事故的能力；在边境线和海岸线上，边防人员需要及时准确地掌握边防海防区域的军事情况，并有效防止偷渡、出逃、走私、贩毒等非法行为。因此，智能视频监控对于保证社会的安定团结和人们的生活质量具有非常重要的作用。

虽然目前视频监控在人们的日常生活和商业应用中已经普遍存在，但并没有充分发挥其实时、主动、随时随地的监督作用。首先，因为目前的视频监控系统多为独立的一套系统，通常只是将摄像机的输出结果记录下来，并依靠管理人员根据所看到的图像进行后续的判断和操作。因此，只有当异常情况如展会中的展品丢失或歹徒闯入银行实施犯罪等发生后，安保人员才会通过摄像机记录的结果观察已经发生的事实，但往往为时已晚。又如在管理人员休息或者疏忽的时候，有些情况可能得不到及时处理，从而造成不必要的损失。同时，目前的视频监控系统多以监控专网为主，各专网之间不能互联互通，甚至不同的设备因协议不同而不可兼容，形成了一个个信息孤岛。受网络条件的影响，目前用户要观看视频图像必须在 PC 机、电视墙等相对固定的地点，无法实现随时随地观看。这些问题对用户造成了很大的不便，甚至成为视频监控业务在某些行业推广应用的重要瓶颈。

因此，设计出针对图像和视频处理的算法，并在此基础上构建一套智能视频监控系统，使其能够避免或改善上述情况，实现以下功能，具有重要的理论价值和应用前景。

（1）改变以往完全由安保人员对监控画面进行监视和分析的模式，实现全天候无人值守及移动监控，有效减少雇用大批监视人员而带来的人力、物力和财力的投入。

（2）前端设备（网络摄像机和视频服务器）集成强大的图像处理能力，运行智能算法，能够准确实现异常检测、入侵检测等监控功能，有效降低误报和漏报现象，避免各类事故和犯罪的发生。

（3）可以使用户定义在特定的安全威胁出现时应当采取的操作，并由监控系统本身确保危机处理步骤能够按照预定的计划精确执行，有效防止在混乱中由于人为因素而造成的延误。

1.2　人工智能与智能监控技术的现状

1.2.1　人工智能技术的发展

人工智能（Artificial Intelligence，AI）是研究、开发用于模拟、延伸和扩展人的智能的理论、方法、技术及应用系统的一门新的技术科学。人工智能是计算机科学的一个分支，它企图了解智能的实质，并生产出一种新的能以人类智能相似的方式做出反应的智能机器，该领域的研究包括机器人、自然语言处理、机器视觉、指纹识别、人脸识别、视网膜识别、虹膜识别、掌纹识别、专家系统、自动规划、智能搜索、定理证明、博弈、自动程序设计、经济政治决策、智能控制系统、仿真系统等。

人类智能源于人的大脑，人类大脑的思维分为抽象（逻辑）思维、形象（直观）思维和灵感（顿悟）思维三种基本方式。第一种逻辑性的思维是指根据逻辑规则进行推理的过程。它先将信息映射为概念并用符号表示，然后根据符号运算按串行模式进行逻辑推理，这一过程可以写成串行的指令，让计算机执行。而第二种直观性的思维则是将分布式存储的信息综合起来，结果是忽然间产生想法或解决问题的办法。后一种思维方式的特点在于：①信息通过神经元上的兴奋模式分布存储在网络上；②信息处理通过神经元之间同时相互作用的动态过程完成。人工神经网络就是模拟人思维的第二种方式。这是一个非线性动力学系统，其特征在于信息的分布式存储和并行协同处理。虽然单个神经元的结构极其简单，功能有限，但大量神经元构成的网络系统所能实现的功能却是极其强大的。

现阶段主要的人工智能方法是对人的意识、思维的信息过程的模拟，尚未达到"人的智能"——灵感（顿悟）的程度，自我思考的高级人工智能还需要科学理论和工程上的突破。

对于人的思维模拟可以从两方面进行：第一，人工智能方法是结构模拟，仿照人脑的结构机制，制造出"类人脑"的机器，具有代表性的人工智能方法是神经网络；第二，人工智能方法是功能模拟，这类方法暂时撇开人脑的内部结构，而从其功能过程进行模拟，具有代表性的方法是符号计算、统计学法、专家系统、模糊计算等。

1.2.2　智能视频监控技术的研究现状

1.2.2.1　智能视频监控系统的发展

近年来，随着计算机、网络、图像处理、传输技术的飞速发展，中国的视频监控技术也得到长足的发展。视频监控系统的发展过程主要经历了三个阶段。

（1）模拟监控系统。在 20 世纪 80 年代末、90 年代初，视频监控系统主要是以模拟设备为主的闭路电视监控系统，称为第一代视频监控系统。当时的系统一般采用国外的进口矩阵控制主机。为了适应当时计算机普及化的要求，视频监控公司纷纷开发利用计算机对矩阵主机进行系统控制的软件，实现计算机对视频监控系统进行图像切换、音频切换、报警处理、图像抓拍等多媒体控制。此时的计算机多媒体监控实际上仅作为视频监控系统的一个辅助控制键盘使用，是中国数字化视频监控系统的雏形。

模拟监控系统一般由前端设备、传输电缆、切换控制设备以及显示设备组成。模拟监控系统的视频信号是模拟信号，通常采用同轴电缆的方式传输。在较短距离内，如 200~300 米，信号的衰减很小；但是如果超过了一定距离，就需要增加放大器，通常加一级放大器可延长传输距离 200 米左右。但是，在工程中如果对视频信号进行两级以上放大，图像就会明显失真，严重时图像会扭曲变形，甚至出现黑色横纹。因此模拟监控系统只适合在有限的范围内使用。

（2）数字监控系统。为实现远距离、高清晰、同步传输多路视频和音频信号，最为经济可行的方法就是将模拟信号进行数字化处理。

20 世纪 90 年代中后期，是计算机技术、网络技术、图像处理技术飞速发展的时期。伴随着计算机处理能力的提高和视频技术的发展，人们利用计算机的高速数据处理能力进行视频的采集和处理，利用显示器的高分辨率实现图像的多画面显示，从而提高了图像质量，这种基于 PC 机的多媒体主控台系统称为第二代视频监控系统。

在此阶段，在中国国内公司完成矩阵主机、解码器、多媒体控制系统、云台等外部设备产业化生产后，一些国外监控公司开始将它们的监控生产线转移到中国进行生产。国外监控产品的国产化，在一定程度上促进了监控系统在中国的普及和应用。但是，国外监控产品制造商大量进入中国，也在短期内限制了中国监控企业由小规模电子产品企业向大规模生产企业发展的进程，并迫使它们面临更大的竞争压力。一些国内企业开始把目光投向一个更新的领域，利用图像压缩技术和网络技术开发新的监控产品，其产品特点是利用成熟的计算机技术、图像压缩和存储技术、网络技术等，利用计算机产业标准化生产的便利条件，在无须投入大量研发、生产资金的条件下，便可快速生产制造产品并投放市场。这种生产模式完全有别于传统的电子加工制造业，成为中国国内监控企业难得的市场机遇。

这一阶段，数字监控设备刚刚进入监控行业，其极高的高科技附加值吸引了众多监控公司投身其中，引进国外图像压缩标准采用 MJPEG 的网络传输产品，将矩阵切换器、图像分割器、硬盘录像机集成在一台计算机平台上，开发出基于计算机结构的数字化监控主机，形成了具有中国特色的监控主机产品，并形成产业发展趋势。

（3）网络视频监控系统。随着网络带宽、计算机处理能力和存储容量的快速提高，以及各种实用视频处理技术的出现，视频监控步入了全数字化的网络时代，称为第三代视频监控系统。第三代视频监控系统以网络为依托，以数字视频的压缩、传输、存储和播放为核心，以智能实用的图像分析为特色，引发了视频监控行业的技术革命，受到了学术界、产业界和使用部门的高度重视。随着图像压缩技术的进步，特别是 MPEG4 和 H.264 图像压缩芯片的大量推广应用，从2000 年至今，数字监控产品进入了一个快速发展时期，产品也由原来的数字监控录像主机发展到网络摄像机、网络传输设备、电话传输设备、专业数字硬盘录像机等多种产品。

由于中国监控市场的特殊性，国外的数字监控产品虽然频繁亮相中国市场，但却没能像它们的模拟产品一样大举进入中国市场。但是在国外产品进入中国市场的过程中，它们也为中国市场带来了数字化监控、网络化监控的理念和技术发展方向。而国产化的数字监控产品，伴随着中国计算机市场的迅猛发展，开始逐步引领中国数字监控市场的潮流，在技术上与国外产品使用相同的计算芯片，在功能上更能够体现中国安防的特殊需求，在价格上比国外品牌更具竞争优势。

目前，伴随着中国国内监控系统数字化、网络化需求的日益增大，数字硬盘录像设备开始取代传统模拟录像设备，数字监控产品所占的市场份额不断增长，数字视频监控市场呈现出一片空前繁荣的景象。

1.2.2.2　网络视频监控系统的特点

与传统的模拟监控相比，第三代网络视频监控系统具有许多优点。

第一，便于计算机处理。由于对视频图像进行了数字化，所以可以充分利用计算机的快速处理能力，对其进行压缩、分析、存储和显示。通过视频分析，可以及时发现异常情况并进行联动报警，从而实现无人值守。

第二，适合远距离传输。数字信息抗干扰能力强，不易受传输线路信号衰减的影响，而且能够进行加密传输，因而可以在数千公里之外实时监控现场。特别是在现场环境恶劣或不便于直接深入现场的情况下，网络视频监控能达到亲临现场的效果。即使现场遭到破坏，也照样能在远处得到现场的真实记录。

第三，便于查找。在传统的模拟监控系统中，当出现问题时需要花大量时间观看录像带才能找到现场记录；而在网络视频监控系统中，利用计算机设计的索引功能，在几分钟内就能找到相应的现场记录。

第四，提高了图像的质量与监控效率。利用计算机可以对不清晰的图像进行去噪、锐化等处理，通过调整图像大小，借助显示器的高分辨率，可以观看到清晰的高质量图像。此外，可以在一台显示器上同时观看16路甚至32路视频图像。

第五，系统易于管理和维护。第三代视频监控系统主要由电子设备组成，集成度高，视频传输可利用有线或无线信道。这样，整个系统是模块化结构，体积小，易于安装、使用和维护。

由于网络视频监控具有传统模拟监控无法比拟的优点，因而成为当前信息社会中数字化、网络化和智能化的发展趋势。从目前看，监控系统正向着前端一体化、视频数字化、监控网络化、系统集成化的方向发展，而数字化是网络化的前提，网络化又是系统集成化的基础，所以，第三代视频监控系统最根本的两个特点就是数字化和网络化。

数字化是21世纪的特征，是以信息技术为核心的电子技术发展的必然，数字化是迈向成长的通行证。随着时代的发展，我们的生存环境将变得越来越数字化。视频监控系统的数字化首先应该是系统中信息流（包括视频、音频、控制等）从模拟状态转为数字状态，这将彻底打破"经典闭路电视系统是以摄像机成像技术为中心"的结构，从根本上改变视频监控系统信息采集、数据处理、传输、系统控制等的方式和结构形式。信息流的数字化、编码压缩、开放式的协议，使视频监控系统与安防系统中其他子系统间实现无缝连接，并在统一的操作平台上实现管理和控制，这也是系统集成化的含义。

视频监控系统的网络化意味着系统的结构将由集总式系统向集散式系统过渡，集散式系统采用多层分级的结构形式，具有微内核技术的实时多任务、多用户、分布式操作系统以实现抢先任务调度算法的快速响应，组成集散式监控系统的硬件和软件采用标准化、模块化和系列化的设计，系统设备的配置具有通用性强、开放性好、系统组态灵活、控制功能完善、数据处理方便、人机界面友好以及系统安装、调试和维修简单化，系统运行互为热备份，容错可靠等功能。系统的网络化在某种程度上打破了布控区域和设备扩展的地域和数量界限。系统网络化将实现网络系统硬件和软件资源的共享以及任务和负载的共享，这是系统集成的一个重要概念。

1.2.2.3　智能视频监控系统及其应用现状

近年来，智能视频监控系统一直受到业界的广泛关注。智能视频监控系统是指视频监控系统可以通过对视频内容的分析，将人们所关注的目标从监控背景中分离出来，按照目标的移动方向、速度、时间等参数和某些行为特征进行关联，从而达到主动监控防御的目的。这一技术的大规模推广应用，对于提高当前治安监控系统的利用效率将起到很大的作用，但实际上却没有得到有效的推广，造成这一现象的主要原因有四个方面。

第一，当前多数能够识别的行为特征仅局限于一些特定的场合。如目标跟踪、越界、计数、目标丢失、物体遗留等，主要应用于看守所、监狱、博物馆、仓库、厂区、地铁站等相对固定的应用场景，而在针对社会层面的监控环境中，因监控场景的复杂和多变性导致监控的稳定性大打折扣，而以报警事件准确性为评价标准的智能监控产品也因此而凸显了其应用的局限性。

第二，其实现的方式还不能完全满足治安监控的要求。从目前看，市场上虽然已经存在多种不同形态的智能产品，但是多数的视频分析应用属于前端分析，即通过 DSP 嵌入摄像机或黑匣子中，然而因为现有视频分析技术的局限性，目前一般只能针对特定的某一路或几路视频进行分析，对于动辄几千上万路的治安监控系统来讲，显然是不适合的。因此，如何适应变化多端且规模庞大的监控外部环境，并且与安防设备进行有效融合是智能视频分析厂家有待研究解决的问题。

第三，市场价格相对昂贵。因其开发难度远高于传统视频设备，使得智能化产品普遍存在较高的开发成本，从而影响智能产品大规模的推广应用。

第四，用户本身需求存在不确定性。虽然目前国内市场对智能视频监控的普遍认识得到了较大的提升，但是用户在对智能视频监控的期待与认知上仍存在一定的差距。因此，一方面用户需要从根本上看清自身的需求；另一方面也必须明确智能视频的功能与实际应用能解决的问题。

因此，研究和设计一套稳定性强、适用性广、价格适中，且能够满足用户监控需求的智能视频监控系统具有重要的理论意义和广阔的应用前景。

1.2.3　智能视频分析技术的研究现状

1.2.3.1　视频分析技术概述

智能视频监控系统采用的主要技术是智能视频分析技术。智能视频（Intelligent Video，IV）源自计算机视觉（Computer Vision，CV）技术，计算机视觉技术是人工智能（Artificial Intelligent，AI）研究的分支之一。它是在图像及图像描述之间建立关系，从而使计算机能够通过数字图像处理和分析来理解视频画面中的内容，达到自动分析和抽取视频源中关键信息的目的。

视频分析技术是使用计算机图像视觉分析技术，通过将场景中的背景和目标分离进而分析并追踪在摄像机场景内出现的目标。用户可以根据视频内容分析功能，通过在不同摄像机的场景中预设不同的报警规则，使得一旦目标在场景中出现了违反预定义规则的行为，系统就会自动报警，监控工作站自动弹出报警信息并发出警示音，用户可以通过点击报警信息，实现报警的场景重组并采取相应措施。

视频分析技术通过对可视的监视摄像机视频图像进行分析，并具备对风、雨、雪、落叶、飞鸟、飘动的旗帜等多种背景的过滤能力，通过建立人类活动的模型，借助计算机的高速计算能力，使用各种过滤器，排除监视场景中非人类的干扰因素，准确判断人类在视频监视图像中的各种活动。

视频分析实质是一种算法，与硬件、系统架构没有关系，视频分析技术是一种基于数字化图像和计算机视觉的分析技术。一方面，智能视频将继续数字化、网络化、智能化的进程；另一方面，智能视频监控将向着适应更为复杂和多变的场景发展，向着识别和分析更多的行为和异常事件的方向发展，向着更低的成本方向发展，向着真正"基于场景内容分析"的方向发展，向着提前预警和预防的方向发展。监控系统的数字化、网络化及芯片、算法的发展都与视频分析密切相关。

1.2.3.2 视频分析技术的应用现状

（1）视频分析技术的分类。视频分析技术按照功能和应用可以分为三类，即视频分析类、视频识别类和视频改良类。

第一，视频分析类。这类视频分析技术的主要功能是在监控画面中找出物件，并检测物件的运动特征属性，例如，物件相对的像素点位置，物件的移动方向及相对像素点移动速度，物件本身在画面中的形状及其改变。应用案例有：周界入侵检测，物件移动方向检测，物件运动、停止状态改变检测。物件出现与消失检测，流量统计（人流量、车流量统计）PTZ 自动追踪系统，摄像机智能自检功能。

第二，视频识别类。这类视频分析技术主要用于在视频画面中找出局部一些画面的共性。例如，人脸识别系统，车牌识别系统，照片比对系统，工业自动化上的机器视觉系统。

第三，视频改良类。这类视频分析技术的主要功能是对以前不可视、模糊不清，或者是对振动的画面进行优化处理，增加视频的可监控性能。具体包括：夜视图像增强处理，图像画面稳定系统，车牌识别影像增强系统。

（2）视频分析技术的应用现状。

第一，周界入侵检测、物件移动方向检测。周界入侵检测是利用运动目标的智能视频分析原理，在摄像机监视的场景范围内，根据监控需要和目的设置警戒区域。系统可以自动检测入侵到警戒区域内的运动目标及其行为，一旦发现有满足预设警戒条件，则自动产生报警信息，并用告警框标示出进入警戒区的目标，同时标识出其运动轨迹。此外，还可以利用周界防范入侵检测系统代替红外线对射或地感线圈。其主要应用于围墙边缘，以防止有人非法闯入警戒区域。它也可以代替故有的移动侦测系统，减少系统总体的误报率，增加系统的可信度。尤其在城市安防项目中，由于摄像机的数目过多，只能采用电子手段来减少系统对监控人员的需求量。

第二，物体出现与消失检测。从视频中分析出物品的存在与否是一个非常有意义的智能视频分析功能。物品消失侦测采用区域检测对比算法实现。其基本原理是从固定摄像头摄像画面中提取出区域进行保存，物品状态分析服务器根据算法可以设定一定的时间周期，将这些区域图像数据与原始数据进行比对。其具体方式为：系统根据算法把一个区域分割为多个区域，由于视频流是实时连续的，因此区域的检测和分割需要在每一帧内不停地计算，此外还要对帧间的区域进行跟踪，把不同时间的区域连接起来，从而给出正确的物品类型、状态和物品运动方向。当超过设定好的时间时，在区域物品状态发生变化之际，系统就会对消失或移动了的物品报警。其主要应用于机场海关等重要场合，以防止人员放置非法物品，例如，防止在机场放置爆炸装置；用于博物馆对高价值的物品进行安全防范，减少不必要的损失。

第三，自动跟踪。云台平移倾斜变焦（Pan Tilt Zoom，PTZ），代表云台全方位上下、左右移动及镜头变倍、变焦控制。摄像机监视的场景范围内，当移动目标出现后，用户可以手动锁定（通过鼠标点击锁定目标）或预置位自动触发锁定某个运动目标，可触发 PTZ 摄像机进行自主自动的跟踪，并且 PTZ 摄像机可自动控制云台进行全方位旋转。同时，该功能还可以针对被锁定的运动目标进行视觉导向的自动跟踪，以确保跟踪目标持续出现在镜头中央。自动 PTZ 跟踪模块弥补了固定摄像机监控视野窄的缺点，是完善的安全监控系统所必备的功能。该功能实现过程为：主摄像机对视频监控区域的全景范围进行图像抓拍，并将抓拍到的图像传至视频服务器处理；视频服务器处理图像数据以提取目标的位置信息，对各摄像机进行调度；从摄像机根据目标的位置信息对目标进行锁定跟踪，自动进行镜头缩放，以获得目标的清晰图像，使得系统能够对监控区域进行全方位的跟踪，并能对进入监控区域的目标进行自动锁定跟踪。其响应速度快、精确度高，主要应用于机场、军事区、监狱等高安全系数要求的场所，用以增加安全系数，防范及跟踪非法进入人员。

第四，人脸捕捉、比对及照片比对。传统的视频监控系统存在一些很明显的不足之处，例如，24 小时的不停工作，有太多的现场和摄像机。监控工作本来就是一件无目的性的事，当需要调用视频时，监控人员要去查询以往所有的录像，是一件非常烦琐的事。而人脸检测、捕捉技术，能在一个大的背景复杂的摄像机监视场景范围内，准确检测和捕捉到人脸，并将实时存储的人脸照片或视频作为有用信号存储，再配合人脸分析比对数据库资料，系统可短时间自动调出该人的信息。系统再根据人脸捕捉的结果进行人脸自动比对或照片比对。其主要应用于机场、火车站、海关、银行及赌场等需要对人员进行安检识别的区域，如 2008 年奥运会就采用了人脸检测系统。

第五，道路监控上的应用。针对车辆的逆行、非法停车、不按交通灯指示行驶等违规行为，可采用车辆行为检测系统找出违规车辆。并且在车辆出现异常行为后，采用车牌识别系统自动记录违规车辆的车牌号码。

第六，视频稳定系统。视频稳定算法的主要原理是，估计当前帧相对于前一帧（或者参考帧）的运动，并通过一定的方法得到描述两帧图像间变化的变换矩阵；然后，利用变换矩阵对当前帧图像进行校正，使得视频信息相对稳定。其主要功能为：稳定的视频可以更好地表现图像细节，从而提高视频监视的质量；实际中，图像抖动不利于人眼对图像的分析和观测，又易引起监控人员的视觉疲劳，视频稳定可改善这一状况；另外，稳定的图像为后端的数字视频记录设备提供了更有利于压缩的视频源，可提高压缩比，在相同码流下可以获得更高质量的图像，即在相同图像质量下，降低数据流量，利于多点同时观看。

1.2.3.3　视频分析技术的研究现状

上述应用中涉及的视频分析技术主要包括：视频预处理技术，运动目标检测技术和模式识别技术等。

（1）视频预处理技术。视频预处理技术的首要目标是获得稳定的视频信息，克服由于光线的扰动导致的视频信息不稳定性，得到稳定的视频，即实现视频稳定。视频预处理算法主要通过各种滤波算法实现，解决诸如遮挡、光照变化、背景干扰、尺寸变化等问题。

（2）运动目标检测技术。视频监控图像的运动目标检测是当序列图像中有新目标进入，或者有目标移动时，将运动目标从背景图像中分离出来。目前主要的运动目标检测算法有三类：背景减除法、帧间差分法和光流计算法。

第一，背景减除法。背景减除方法是目前运动检测中最常用的一种方法，是利用当前图像与背景图像的差分检测出运动区域的一种技术。先获取参考帧作为背景图像，再用当前帧和背景帧做差分。若参考选择适当，就能较准确地分割出运动物体。它一般能够提供最完全的特征数据，但对于动态场景的变化，如光照和外来无关事件的干扰等特别敏感。最简单的背景模型是时间平均图像，目前大部分研究人员都致力于开发不同的背景模型，以期减少动态场景变化对于运动分割的影响。例如，哈里奥格鲁（Haritaoglu）等利用最小、最大强度值和最大时间差分值为场景中每个像素进行统计建模，并且进行周期性背景更新；麦克纳（McKenna）等利用像素色彩和梯度信息相结合的自适应背景模型，解决影子和不可靠色彩线索对于分割的影响；卡曼等（Karmann & Brand, Kilger）采用基于Kalman滤波的自适应背景模型以适应天气和光照的时间变化；斯托弗等（Stauffer & Grimson）利用自适应的混合高斯背景模型（即对每个像素利用混合高斯分布建模），并且利用在线估计来更新模型，从而可靠地处理了光照变化、背景混乱

11

运动的干扰等影响。

第二，帧间差分法。帧间差分法是检测相邻帧之间变化最简单的方法，它直接比较视频序列中连续帧图像对应像素点灰度值的差值，然后根据设定阈值提取出运动对象的区域。立普顿（Lipton）等利用两帧差分方法从实际视频图像中检测出运动目标，进而用于目标的分类与跟踪；一个改进的方法是利用三帧差分代替两帧差分，VSAM开发了一种自适应背景减除与三帧差分相结合的混合算法，能够快速有效地从背景中检测出运动目标。帧间差分法的主要优点是：算法简单，程序设计复杂度低，易于实现实时监控。但是，帧间差分法存在两个主要问题：一是两帧间目标的重叠部分不易被检测出来，运动区域内易产生空洞，运动对象提取不完整；二是会检测出很多伪噪声点。

第三，光流计算法。基于光流方法的运动检测，是利用运动物体随时间变化在图像中表现为速度场的特性，根据一定的约束条件估算出运动所对应的光流。基于光流方法的运动检测采用了运动目标随时间变化的光流特性，例如，迈耶（Meyer）等通过计算位移向量光流场来初始化基于轮廓的跟踪算法，从而有效地提取和跟踪目标。光流法的优点是能够检测独立运动的对象，不需要预先知道场景的任何信息，并且可以用于摄像机有运动的情况。光流计算方法需要多次迭代运算，时间消耗比较大，而且抗干扰能力比较差，所以很少采用光流场方法进行运动检测。

目前在运动检测中最常用的方法是基于背景模型的背景差分技术，或背景差分和时域差分相结合的技术。

（3）模式识别技术。模式识别是对感知信号（图像、视频、声音等）进行分析，对其中的物体对象或行为进行判别和解释的过程。模式识别能力普遍存在于人和动物的认知系统，是人和动物获取外部环境知识，并与环境进行交互的重要基础。

第一，模式识别的系统构成。一个功能完善的识别系统在进行模式识别之前，首先需要进行学习。一个模式识别系统及识别过程的原理框图如图1-1所示。虚线的上部是识别过程，虚线的下部是学习、训练过程。需要指出的是，应用的目的不同、采用的分类识别方法不同，具体的分类过程和识别过程将有所不同。下面对识别系统的主要环节做简要的说明。

第二，特征提取。由图像或波形所获得的数据量是很大的。例如，一个文字图像可以有几千个数据，一个心电图波形也可能有几千个数据，一个微型遥感图

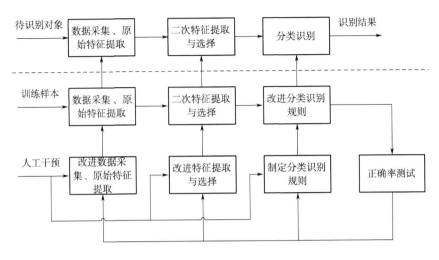

图 1-1　模式识别系统原理框图

像的数据量就更大了。为了有效地实现分类识别，就要对原始数据进行变换，得到最能反映分类本质的特征。这就是特征提取和选择的过程。我们把原始数据组成的空间叫测量空间，把分类识别赖以进行的空间叫特征空间，通过变换，可把在维数较高的测量空间中表示的模式变为在维数较低的特征空间中表示的模式。在特征空间中的一个模式通常也叫作一个样本，它可以表示为一个向量，即特征空间中的一个点。特征提取的方法很多，最简单的形式是对已知信息的抽样，例如，对一幅由上万像素点构成的数字图像，可以将该图像平均分割成为15个区域（3行5列），每个区域的像素求平均值，得到一个由15个平均像素值构成的数组，数组即可被认为是代表该图像的特征向量。特征提取是一个从原始信息到特征向量的映射过程，经典的数字信号处理方法中，特征提取是通过时域到频域的映射实现的。映射的方法主要是通过傅立叶变换、拉普拉斯变换和小波变换等经典的方法。通过时频变换，数字信号中很多在时域空间表现不出来的特性，在频域空间中表现得十分明显。在数字信号处理领域，常在以下的一些特定域中研究数字信号：时域（一维信号）、空间域（多维信号）、频域、自相关域和小波域。从测量仪器得到的采样序列表现为时域和空间域的信号，通过产生傅立叶变换、拉普拉斯变换和小波变换产生的频域信号，就是所谓的频谱。将信号在频谱中反映出来的一些特征作为该信号的特征是数字信号处理方法进行特征提取的一个经典的手段。

第三，学习和训练。为了让机器具有分类识别功能，如同人类自身一样，人们应首先对它进行训练，将人类的识别知识和方法以及关于分类识别对象的知识输入机器中，产生分类识别的规则和分析程序。这也相当于机器进行学习。这个过程一般要反复进行多次，不断地修正错误、改进不足，包括修正特征提取方法、特征选择方案、判决规则方法及参数，最后使系统正确识别率达到设计要求。目前，机器的学习需要人工干预，这个过程通常是人机交互的。

第四，分类识别。在学习、训练之后，所产生的分类规则及程序用于未知对象的识别。需要指出的是，输入机器的人类分类识别的知识和方法以及有关对象知识越充分，这个系统的识别功能越强、正确率越高，有些分类过程似乎没有将有关对象的知识输入，实际上人们在选择距离测度、采用某种聚类方法时，已经用到了对象的一些知识，也在一定程度上加入了人类的知识。

第五，模式识别的主要方法。针对不同的对象和不同的目的，可以用不同的模式识别理论和方法。目前主要应用的方法是：统计模式识别、句法模式识别、模糊模式识别、逻辑推理法、人工神经网络方法。

第六，统计模式识别。统计模式识别方法也称为决策论模式识别方法。它是从被研究的模式中选择能足够代表它的若干特征（设有 d 个），每个模式都由 d 个特征组成，由 d 维特征空间的一个 d 维特征向量代表，于是每个模式就在 d 维特征空间占有一个位置。一个合理的假设是同类的模式在特征空间相距较近，而不同类的模式在特征空间则相距较远。如果用某种方法分割特征空间，使得同一类模式大体上都在特征空间的同一个区域中，对于待分类的模式，可根据它的特征向量位于特征空间中的哪个区域而判定它属于哪一类模式。这类识别技术理论比较完善，方法也很多，通常较为有效，现已形成了完整的体系。尽管方法很多，但从根本上讲，都是直接利用各类的分布特征，即利用各类的概率分布函数、后验概率或隐含地利用上述概念进行分类识别。其中基本的技术为聚类分析、判别类域界面法、统计判决等。

第七，句法模式识别。句法模式识别也称结构模式识别。在许多情况下，对于较复杂的对象仅用一些数值特征已不能较充分地进行描述，这时可采用句法识别技术。句法识别技术将对象分解为若干个基本单元，这些基本单元称为基元；用这些基元以及它们的结构关系来描述对象，基元以及这些基元的结构关系可以用一个字符串或一个图表示。然后运用形式语言理论进行句法分析，根据其是否符合某类的文法而决定其类别。

第八，模糊模式识别。在人们的实际生活中，普遍存在着模糊概念，诸如"较冷""暖和""较重""较轻""长点""短点"，等等，都是有区别又有联系的无确定分界的概念。模糊识别技术运用模糊数学的理论和方法解决模式识别问题，因此适用于分类识别对象本身或要求的识别结果具有模糊性的场合。这类方法的有效性主要在于隶属函数是否良好。目前，模糊识别方法有很多，大致可以分为两种，即根据最大隶属原则进行识别的直接法和根据择近原则进行归类的间接法。

第九，逻辑推理法。逻辑推理法是对待识别客体运用统计（或结构、模糊）识别技术，或人工智能技术，获得客体的符号性表达即知识性事实后，运用人工智能技术对知识的获取、表达、组织、推理方法，确定该客体所归属的模式类的方法。它是一种与统计模式识别、句法模式识别相并列又相结合的基于逻辑推理的智能模式识别方法，主要包括知识表示、知识推理和知识获取三个环节。

第十，神经网络法。人工神经网络是由大量简单的基本单元——神经元相互连接而成的非线性动态系统，每个神经元的结构和功能比较简单，而由其组成的系统却可以非常复杂，具有人脑的某些特性，在自学习、自组织、联想及容错方面具有较强的能力，能用于联想、识别和决策。在模式识别方面，与前述方法显著不同的特征之一是训练后的神经网络对待识别模式特征提取与分类识别在该网络可以一起完成。神经网络模型有几十种，其中误差反向传播算法（BP）网络模型是模式识别应用广泛的网络之一。它利用给定的样本，在学习过程中不断修正内部连接权重和阈值，使实际输出与期望输出在一定误差范围内相等。

1.3　本书内容概述

1.3.1　本书解决的问题

本书的研究目标可以归纳为三个方面。

（1）通过对"互联网+"智能视频监控技术的应用和研究现状的分析和对比，对视频监控系统中采用的视频分析算法进行改进和优化，克服原有算法中存在的问题，提升算法的性能特性。

（2）对本书设计的算法进行完备的理论推导，并通过科学的方法对该算法进行验证，通过与类似算法的对比，得出该算法在性能方面变化的结论。

（3）基于本书设计的算法构建一个智能视频监控系统，满足课题背景中描述的智能视频监控系统的功能需求，并对该系统实际运行中表现出来的性能指标和存在的问题给出详细的描述。

1.3.2 本书的主要内容

本书的主要研究内容有五个方面。

（1）对人工智能模式识别方法（BP神经网络方法）、信号处理方法（小波分析方法）以及小波神经网络方法进行深入的理论研究。对三种方法的优点和存在的问题进行分析。

（2）结合上述方法的优点和存在的问题，提出本研究所设计的自适应小波神经网络方法，首先对该网络的结构和算法进行理论推导，并结合实例给出具体的推导和演算过程。

（3）对上述理论推导的结果，采用计算机仿真的方法进行验证，通过可行性验证实验、调整关键参数实验和与类似算法的对比实验，进一步验证该算法的性能特点，并给出算法参数的选择方法。

（4）构建实际应用系统，通过移动目标入侵监控区域的实验，检验该算法可以完成对该目标进行入侵检测、异常区域分割和分析识别的功能，并从实际运行过程中得出算法和系统的性能指标。

（5）采用上述方法，基于上述算法应用于智能视觉算法的结果，设计"互联网+"智能家居系统，将人工智能应用于改善人们的生活水平之中，实现家居远程无人值守、自动检测、远程控制等功能。

1.4 本书的结构安排

本书分为七章。

第1章为绪论，从"互联网+"智能家居、智能视频监控领域的实际需求出发，首先阐述课题背景和研究意义。介绍国内外视频监控技术的发展历程，以及第三代网络视频监控技术和智能视频监控技术的特点和应用现状。随后对本书重点研究的视频分析技术的研究范围、应用现状和研究现状展开分析。接着明确了本书的研究目标和主要内容，并给出全文内容的结构安排。

第2章为"互联网+"视频分析方法的理论基础。本章通过对智能视频监控中常用的模式识别方法（BP 神经网络方法）、数字信号处理方法（小波分析方法）和小波神经网络理论等视频分析方法进行全面深入的理论研究，分析和总结了算法优点及其在视频监控应用中存在的问题，为算法的进一步优化和改进奠定了理论基础。

第 3 章为人工智能方法（自适应小波神经网络）理论研究。本章在继承传统的自适应小波神经网络算法优点的基础上，通过增加自适应层和综合层的方式和引入小波基尺度变换训练机制，使神经网络具有了自适应训练样本和克服陷入局部极小点的能力。本章对该算法系统、结构和具体算法进行了详细描述和理论推导，并针对一个实例进行了演算。

第 4 章为人工智能算法（自适应小波神经网络）计算机仿真研究。本章采用计算机仿真的方法，通过可行性验证实验、调整关键参数实验和与类似算法的对比实验，进一步验证了该算法的性能特点，并给出了算法参数的选择方法。

第 5 章为"互联网+"人工智能家居视觉系统的设计与实现。本章针对智能视频监控系统中的实际需求，提出了智能视频监控系统的解决方案，并对该系统进行了硬件、软件和算法的设计。通过移动目标入侵监控区域的实验，从实际运行中验证了系统的功能，得出了算法和系统的性能指标。

第 6 章为本研究成果全面应用于智能家居领域的解决方案，该方案取得了国家发明专利，并在智能家居、智能安防、智能计算等领域得到了应用。

结论部分总结了本书的主要工作，并对今后的工作进行了展望。

2 人工智能方法的理论基础

本章通过对"互联网+"智能家居系统中的智能视频监控常用的模式识别方法（BP 神经网络方法）、数字信号处理方法（小波分析方法）和小波神经网络理论等视频分析方法全面和深入的理论研究，分析和总结了算法优点及其在视频监控应用中存在的问题，为算法的进一步优化和改进奠定了理论基础。

2.1 神经网络理论

神经网络是在人类对其大脑神经网络认识理解的基础上，人工构造的能够实现某种功能的网络。它是实际模仿人脑神经网络和结构而建立的一种信息处理系统，是大量的处理单元相互连接组成的复杂网络，能够进行复杂的逻辑操作和非线性关系的实现。它们的网络结构、性能、算法及应用领域各异，但均是根据生物学事实衍生出来的。由于其处理单元是对神经元的近似仿真，因而被称之为人工神经元。

2.1.1 神经网络理论的发展

神经网络的研究始于 1943 年，经过 70 多年的发展，目前已经在许多工程研究领域得到了广泛应用，它的发展可以分为五个阶段。

2.1.1.1 奠基阶段

1943 年，心理学家麦克洛赫（McCulloch）和数学家皮茨（Pitts）合作，提出了第一个神经计算模型，简称 M-P 模型，开创了神经网络研究的革命性思想。

2.1.1.2 第一次高潮阶段

20 世纪 50 年代末 60 年代初，基本上确立了从系统的角度研究人工神经网络的思路。1958 年，罗森布拉特（Rosenblatt）等人首次提出了模拟人脑感知和学习能力的感知器（Perecptrno）模型，第一次把神经网络研究从纯理论的探讨付诸工程实践，掀起了人工神经网络研究的第一次高潮。

2.1.1.3　坚持阶段

由于当时对神经网络学习能力的估计过于乐观，而随着神经网络研究的深入开展，人们遇到了来自认识方面、应用方面和实现方面的各种困难和迷惑，使得一些人产生怀疑和失望。此时，明斯基等（Minsky，A. Paerst）对以感知器为代表的网络系统的功能及其局限性从数学上做了深入研究，于 1969 年出版了轰动一时的评论人工神经网络的书——《感知器》。该书指出：简单的线性感知器的功能是有限的，它无法解决线性不可分的两类样本的分类问题（异或运算），要解决这个问题必须加入隐层节点。但是当时从理论上还不能证明将感知器模型扩展到多层网络是有意义的。其悲观的论点极大地影响了当时的人工神经网络的研究，为刚刚燃起的人工神经网络之火泼了一大盆冷水。再加上此时数字计算机正处于全盛时期，并且基于逻辑符号处理方法的人工智能迅速发展并取得显著成就，它们的问题和局限性尚未暴露，因此暂时掩盖了发展新型计算机和寻求新的神经网络的必要性和迫切性，从而使得人工神经网络的研究转入低潮，并且这一低潮持续了 10 年之久。

2.1.1.4　第二次高潮阶段

20 世纪 70 年代后期，由于神经网络研究者的突出成果，并且传统的人工智能理论和冯·诺依曼（Von Neumann）型计算机在许多智能信息处理问题上遇到了挫折，而科学技术的发展又为人工神经网络的物质实现提供了基础，促使神经网络的研究进入了一个新的高潮阶段。1986 年鲁梅哈特等（Rumelhart，Mcclelland）提出多层网络的"逆推"（反传）学习算法，Back Propagation 算法，下文统一简称 BP 神经网络算法。该算法从后向前修正各层之间的连接权重，可以求解感知机所不能解决的问题，从实践上证实了人工神经网络具有很强的运算能力，否定了明斯基等人的错误结论。

2.1.1.5　快速发展阶段

自从对神经网络的研究进入第二次高潮以来，各种神经网络模型相继被提出，其应用很快渗透到计算机图像处理、语音处理、优化计算、智能控制等领域，并取得了很大的发展。

2.1.2　神经网络的特征

神经网络的特征可以归纳为结构特征和功能特征。

2.1.2.1 结构特征

结构特征为并行处理、分布式存储与容错性。

人工神经网络是由大量简单处理元件相互连接构成的高度并行的非线性系统，具有大规模并行性处理特征。结构上的并行性使神经网络的信息存储必然采用分布式方式，即信息不是存储在网络的某个局部，而是分布在网络所有的连接权中。一个神经网络可存储多种信息，其中每个神经元的连接权中存储的是多种信息的一部分。神经网络内在的并行性与分布性表现在其信息的存储与处理都是空间上分布、时间上并行的。

2.1.2.2 功能特征

功能特征为自适应性，包括自学习与自组织。

自适应性是指一个系统能改变自身的性能以适应环境变化的能力，它包含自学习与自组织两层含义。自学习是指当外界环境发生变化时，经过一段时间的训练或感知，神经网络能通过自动调整网络结构参数，使得对于给定输入能产生期望的输出。自组织是指神经系统能够在外部刺激下按一定规则调整神经元之间的突触连接，逐渐构建起神经网络。

2.1.3 BP 神经网络的基本理论

BP 网络是一种按误差反向传播算法训练的多层前馈网络，是目前应用广泛的神经网络模型之一。BP 网络能学习和存贮大量的输入—输出模式映射关系，而无须事前揭示描述这种映射关系的数学方程。它的学习规则是使用最速下降法，通过反向传播来不断调整网络的权值和阈值，使网络的误差平方和最小。BP 神经网络模型拓扑结构包括输入层、隐层和输出层，如图 2-1 所示。

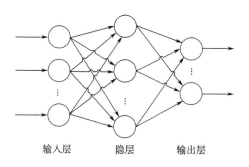

输入层　　　　隐层　　　　输出层

图 2-1 BP 神经网络结构示意图

2.1.3.1　BP 神经元

图 2-2 给出了第 j 个基本 BP 神经元，它只模仿了生物神经元所具有的三个基本的也是重要的功能：加权、求和与转移。其中 X_1，$X_2 \cdots X_i \cdots X_n$ 分别代表来自神经元 1，$2 \cdots i \cdots n$ 的输入；W_{j1}，$W_{j2} \cdots W_{ji} \cdots W_{jn}$ 则分别表示神经元 1，$2 \cdots i \cdots n$ 与第 j 个神经元的连接强度，即权值；b_j 为阈值；$F(\cdot)$ 为传递函数；y_j 为第 j 个神经元的输出。

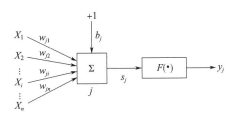

图 2-2　BP 神经元

第 j 个神经元的净输入值 S_j，见式（2-1）。

$$S_j = \sum_{j=1}^{x} w_{ji} \cdot x_i + b_j = W_j X + b_j \tag{2-1}$$

其中

$$X = \begin{bmatrix} x_1 x_2 \cdots x_i \cdots x_x \end{bmatrix}^T \qquad W_j = \begin{bmatrix} w_{j1} w_{j2} \cdots w_{ji} \cdots w_{jn} \end{bmatrix}$$

若视 $x_0 = 1$，$w_{j0} = b_j$，即令 X 及 W_j 包括 x_0 及 w_{j0}，则

$$X = \begin{bmatrix} x_0 x_1 x_2 \cdots x_i \cdots x_x \end{bmatrix}^T \qquad W_j = \begin{bmatrix} w_{j0} w_{j1} w_{j2} \cdots w_{ji} \cdots w_{jn} \end{bmatrix}$$

于是节点 j 的净输入 S_j，见式（2-2）。

$$S_j = \sum_{i=0}^{n} w_{ji} x_i = W_j X \tag{2-2}$$

净输入 S_j 通过传递函数 $F(\cdot)$ 后，便得到第 j 个神经元的输出 y_i，见式（2-3）。

$$y_i = f(s_j) = f \Big(\sum_{i=0}^{n} w_{ji} \cdot x_i \Big) = F(W_j X) \tag{2-3}$$

式中 $F(\cdot)$ 是单调上升函数，而且必须是有界函数，因为细胞传递的信号不可能无限增加，必有一最大值。

2.1.3.2　BP 神经网络

BP 算法由数据流的前向计算（正向传播）和误差信号的反向传播两个过程构成。正向传播时，传播方向为输入层到隐层再到输出层，每层神经元的状态只

影响下一层神经元。若在输出层得不到期望的输出，则转向误差信号的反向传播流程。通过这两个过程的交替进行，在权向量空间执行误差函数梯度下降策略，动态迭代搜索一组权向量，使网络误差函数达到最小值，从而完成信息提取和记忆过程。

（1）正向传播。设 BP 神经网络的输入层有 n 个节点，隐层有 q 个节点，输出层有 m 个节点，输入层与隐层之间的权值为 v_{ki}，隐层与输出层之间的权值为 w_{jk}，如图 2-3 所示。隐层的传递函数为 $f_1(\cdot)$，输出层的传递函数为 $f_2(\cdot)$，则隐层节点的输出见式（2-4），式中将阈值写入求和项中。

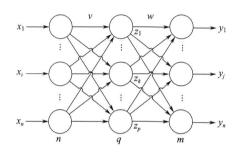

图 2-3　三层神经网络的拓扑结构

$$z_k = f_1\left(\sum_{i=0}^{n} v_{ki}x_i\right) \ , \ k = 1, \ 2, \ \cdots q \tag{2-4}$$

输出层节点的输出见式（2-5）。

$$y_j = f_2\left(\sum_{k=0}^{q} w_{jk}z_k\right) \ , \ j = 1, \ 2, \ \cdots m \tag{2-5}$$

至此神经网络就完成了 n 维空间向量对 m 维空间的近似映射。

（2）反向传播。

①定义误差函数。输入 P 个学习样本，用 x^1，x^2，$\cdots x^p$，$\cdots x^P$ 表示。第 p 个样本输入网络后得到输出 $y_j^p(j=1, \ 2, \ \cdots m)$。采用平方型误差函数，于是得到第 p 个样本的误差 E_p，见式（2-6），式中 t_j^p 为期望输出。

$$E_p = \frac{1}{2}\sum_{j=1}^{m}\left(t_j^p - y_j^p\right)^2 \tag{2-6}$$

对于 P 个样本，全局误差见式（2-7）。

$$E = \frac{1}{2}\sum_{p=1}^{P}\sum_{j=1}^{m}\left(t_j^p - y_j^p\right)^2 = \sum_{p=1}^{P}E_p \tag{2-7}$$

②输出层权值的变化。采用累计误差 BP 算法调整 w_{jk}，使全局误差 E 变小，见式（2-8），式中 η 为学习率。

$$\Delta w_{jk} = -\eta \frac{\partial E}{\partial w_{jk}} = -\eta \frac{\partial}{\partial w_{jk}} \left(\sum_{p=1}^{P} E_p \right) = \sum_{p=1}^{P} \left(-\eta \frac{\partial E_p}{\partial w_{jk}} \right) \tag{2-8}$$

定义误差信号为 δ_{yj} 见式（2-9）。

$$\delta_{yj} = -\frac{\partial E_p}{\partial S_j} = -\frac{\partial E_p}{\partial y_j} \cdot \frac{\partial y_j}{\partial S_j} \tag{2-9}$$

其中第一项见式（2-10）。

$$\frac{\partial E_p}{\partial y_j} = \frac{\partial}{\partial y_j} \left[\frac{1}{2} \sum_{j=1}^{m} (t_j^p - y_j^p)^2 \right] = -\sum_{j=1}^{m} (t_j^p - y_j^p) \tag{2-10}$$

第二项见式（2-11），是输出层传递函数的偏微分。

$$\frac{\partial y_j}{\partial S_j} = f_2^t(S_j) \tag{2-11}$$

于是可得 δ_{yj}，见式（2-12）。

$$\delta_{yj} = \sum_{j=1}^{m} (t_j^p - y_j^p) f_2^t(S_j) \tag{2-12}$$

由链定理可得式（2-13）。

$$\frac{\partial E_p}{\partial w_{jk}} = \frac{\partial E_p}{\partial S_j} \cdot \frac{\partial S_j}{\partial w_{jk}} = -\delta_{yj} \cdot z_k = -\sum_{j=1}^{m} (t_j^p - y_j^p) f_2^t(S_j) \cdot z_k \tag{2-13}$$

于是输出层各神经元的权值调整公式为式（2-14）。

$$\Delta w_{jk} = \sum_{p=1}^{P} \sum_{j-1}^{m} \eta (t_j^p - y_j^p) f_2^t(S_j) \cdot z_k \tag{2-14}$$

③隐层权值的变化见式（2-15）。

$$\Delta v_{ki} = -\eta \frac{\partial E}{\partial v_{ki}} = -\eta \frac{\partial}{\partial v_{ki}} \left(\sum_{p=1}^{P} E_p \right) = \sum_{p=1}^{P} \left(-\eta \frac{\partial E_p}{\partial v_{ki}} \right) \tag{2-15}$$

定义误差信号见式（2-16）。

$$\delta_{zk} = -\frac{\partial E_p}{\partial S_k} = -\frac{\partial E_p}{\partial z_k} \cdot \frac{\partial z_k}{\partial S_k} \tag{2-16}$$

其中第一项见式（2-17）。

$$\frac{\partial E_p}{\partial z_k} = \frac{\partial}{\partial z_x} \left[\frac{1}{2} \sum_{j=1}^{m} (t_j^p - y_j^p)^2 \right] = -\sum_{j=1}^{m} (t_j^p - y_j^p) \frac{\partial y_j}{\partial z_k} \tag{2-17}$$

由链定理得式（2-18）。

$$\frac{\partial y_j}{\partial z_k} = \frac{\partial y_j}{\partial S_j} \cdot \frac{\partial S_j}{\partial z_k} = f_2^t(S_j) \cdot w_{jk} \tag{2-18}$$

第二项见式（2-19），是隐层传递函数的偏微分。

$$\frac{\partial z_k}{\partial S_k} = f'_1(S_k) \tag{2-19}$$

于是可得式（2-20）。

$$\delta_{zk} = \sum_{j=1}^{m} (t_j^p - y_j^p) f'_2(S_j) w_{jk} f'_1(S_k) \tag{2-20}$$

由链定理得式（2-21）。

$$\frac{\partial E_p}{\partial S_{ki}} = \frac{\partial E_p}{\partial S_k} \cdot \frac{\partial S_k}{\partial v_{ki}} = -\partial_{zk} x_i = -\sum_{j=1}^{m} (t_j^p - y_j^p) f'_2(S_j) w_{jk} f'_1(S_k) \cdot x_i \tag{2-21}$$

从而得到隐层各神经元的权值调整公式为式（2-22）。

$$\Delta v_{ki} = \sum_{p=1}^{P} \sum_{j-1}^{m} \eta (t_j^p - y_j^p) f'_2(S_j) w_{jk} f'_1(S_k) x_i \tag{2-22}$$

2.1.4 BP 神经网络的优点和存在的问题

BP 神经网络具有结构简单，可操作性强，能模拟任意的非线性输入、输出关系等优点，目前已被广泛应用于模式识别、智能控制预测、图像识别等领域。但是，BP 网络存在两个突出问题，一是收敛速度慢，二是易陷入局部极小点，使其应用受到了一定的限制。

2.1.4.1 收敛速度慢

BP 算法的收敛速度与很多因素有关，包括算法参数的选择，还与 BP 算法自身的局限性有关。BP 算法的误差曲面存在平坦区域，在这些区域中，误差的梯度变化较小，即使权值的调整量很大，误差仍然下降缓慢。

2.1.4.2 目标函数存在局部极小点

在学习过程中有时会发现，当学习反复进行到一定次数后，网络的全局误差减小得非常缓慢，或是根本不再减小，而此时网络的实际输出与期望输出还有很大的误差，这种情况就是陷入了局部极小点。导致这种现象的原因是由于网络采用的激活函数是非线性的函数，这个函数激活后的值是全局误差的输入，因此导致全局误差会存在多个极小值，而网络收敛时很有可能陷入其中的某一个而不是全局的最小值。

如图 2-4 所示，若初始时在 a 或 c 点的位置，网络误差按梯度下降法调整就只能达到局部极小值点，而若在 b 点开始，才能达到全局最小值点。所以要设法使收敛过程跳过局部极小值点。

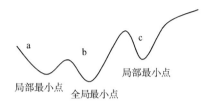

图 2-4 多个极小值点的连接权空间

2.2 小波分析理论

2.2.1 小波分析的发展

自 1822 年傅立叶发表"热传导解析理论"以来，傅立叶变换一直是信号处理领域中应用最广泛的一种分析手段。傅立叶变换的基本思想是将信号分解成一系列不同频率的连续正弦波的叠加，或者从另外一个角度说，是将信号从时间域转换到频率域。傅立叶变换有一个严重的不足，就是在做变换时丢掉了时间信息，无法根据傅立叶变换的结果判断一个特定信号是在何时发生的。因此，傅立叶变换是一种在频域的分析方法，在频域的定位是准确的，而在时域里无分辨能力。但是在实际应用中，大多数信号均含有大量的非稳态成分，例如，偏移、突变、事件的起始与终止等情况，这些情况反映了信号的重要特征，它们的频率特性是随时间而变化的。为了对这类时变信号进行分析，通常需要提取瞬时或某一时间段的频域信息或某一频率段所对应的时间信息。因此，需要寻求一种具有一定的时间和频率分辨率的基函数来分析时变信号。

为了研究信号在局部时间范围的频域特征，1946 年，伽柏（Gbaor）提出了著名的伽柏变换，之后进一步发展成为短时傅立叶变换（Short Time Fourier Transofrm，STFT），又称为加窗傅立叶变换。其基本思路是给信号加一个小窗，信号的傅立叶变换主要集中在对小窗内的信号进行变换，因此可以反映出信号的局部特征，但由于短时傅立叶变换的定义决定了其窗函数的大小和形状与时间和频率无关而保持固定不变，这对分析时变信号来说是不利的。高频信号一般持续时间很短，而低频信号持续时间较长。因此，人们期望对高频信号采用小时间窗，对低频信号采用大时间窗进行分析。在进行信号分析时，这种变时间窗的要求同短时傅立叶变换的固定时窗的特性相矛盾。此外，在进行数值计算时，人们希望将基函数离散化，以节约计算时间和存储量。但伽柏基无论怎样离散，都不能构成一组正交基，因而给数值计算带来不便。

傅立叶变换和伽柏变换的不足之处，恰恰是小波变换的特长所在，小波变换已成为一种比较理想的信号处理方法。

2.2.2 小波分析的基本理论

小波（Wavelet），即小区域的波，是一种特殊的长度有限、平均值为 0 的波形。它有两个特点：一是"小"，即在时域都具有紧支集或近似紧支集；二是正负交替的"波动性"，也即直流分量为 0。小波分析继承和发展了短时傅立叶变换局部化的思想，同时又克服了窗口大小不随频率变化等缺点，能够提供一个随频率改变的时间——频率窗口，是进行信号时频分析和处理的理想工具。

设 $\phi(x) \in L^2(R)$，$L^2(R)$ 表示平方可积的实数空间，即能量有限的信号空间，$\int_R \phi(x)\mathrm{d}x = 0$，其傅立叶变换为 $\hat{\phi}(\omega)$。当 $\hat{\phi}(\omega)$ 满足允许条件式（2-23）时，我们称 $\phi(x)$ 为一个基本小波或母小波。将母函数经伸缩和平移后，就可以得到一个小波序列。

$$C_\phi = \int_R \frac{|\hat{\phi}(\omega)|^2}{|\omega|}\mathrm{d}\omega < \infty \qquad (2\text{-}23)$$

对于连续的情况，小波序列见式（2-24）。

$$\phi_{a,b}(x) = \frac{1}{\sqrt{|a|}}\phi\left(\frac{x-b}{a}\right)，a, b \in R, a \neq 0 \qquad (2\text{-}24)$$

其中 a 为伸缩因子，b 为平移因子，称 $\phi_{a,b}(x)$ 为小波函数，简称小波。母小波的能量集中在原点，小波函数的能量集中在 b 点。

对于任意函数 $f(x) \in L^2(R)$，定义连续小波变换见式（2-25）。

$$WT_f(a, b) = \langle f, \phi(a, b)\rangle = |a|^{-1/2}\int_{-\infty}^{+\infty} f(x)\phi^*\left(\frac{x-b}{a}\right)\mathrm{d}x \qquad (2\text{-}25)$$

假设 ϕ 是任意基本小波，并且 ϕ 及其傅立叶变换 $\hat{\phi}$ 都是窗函数，它们的中心与半径分别为 x^*，ω^*，Δ_ϕ 和 $\Delta_{\hat{\phi}}$。$\phi_{a,b}(x)$ 也为一个窗函数，其中心和半径分别为 $b + ax^*$ 和 $a\Delta_\phi$。由连续小波变换的定义得式（2-26）。

$$WT_f(a, b) = \langle f, \phi(a, b)\rangle = |a|^{-1/2}\int_{b+ax^*-a\Delta_\phi}^{b+ax^*+a\Delta_\phi} f(x)\phi^*\left(\frac{x-b}{a}\right)\mathrm{d}x \qquad (2\text{-}26)$$

式（2-26）表明，$WT_f(a, b)$ 给出了信号 $f(x)$ 在时间窗口 $[b + ax^* - a\Delta_\phi,$ $b + ax^* + a\Delta_\phi]$ 内的局部信息，窗口宽度为 $2a\Delta_\phi$，尺度因子 a 越小，$f(x)$ 的局部性质刻画得越好，这在信号分析中称为"时间局部化"。

另一方面，小波变换的频域表示为式（2-27）。

$$WT_f(a, b) = \frac{1}{2\pi}\langle \hat{f}, \hat{\phi} \rangle = \frac{\sqrt{a}}{2\pi}\int_{-\infty}^{+\infty} \hat{f}(\omega) e^{jb\omega} \hat{\phi}^*(a\omega) \mathrm{d}\omega \tag{2-27}$$

由 $\hat{\phi}$ 是一个窗函数可知，$e^{jb\omega}\hat{\phi}^*(a\omega)$ 也是一个窗口函数，其中心和半径分别为 ω^*/a 和 $\Delta_{\hat{\phi}}/a$。这表明小波变换具有表征待分析信号频域上局部性质的能力，给出了信号 $f(x)$ 在频域窗口 $\left[\dfrac{\omega^*}{a} - \dfrac{\Delta_{\hat{\phi}}}{a}, \dfrac{\omega^*}{a} + \dfrac{\Delta_{\hat{\phi}}}{a}\right]$ 内的局部信息。而且小波变换在频域具有带通特性，中心频率 ω^*/a，带宽 $2\Delta_{\hat{\phi}}/a$，在信号分析中称为频率局部化。

综上分析，小波变换 $W_f(a, b)$ 给出了信号 $f(x)$ 的一个矩形的时间——频率窗口，见式（2-28）。

$$\left[b + ax^* - a\Delta_\phi, b + ax^* + a\Delta_\phi\right] \times \left[\frac{\omega^*}{a} - \frac{\Delta_{\hat{\phi}}}{a}, \frac{\omega^*}{a} + \frac{\Delta_{\hat{\phi}}}{a}\right] \tag{2-28}$$

能够刻画信号的时频局部特征，窗口宽度为 $2a\Delta_\phi$，面积为 $4\Delta_\phi\Delta_{\hat{\phi}}$，面积是一个常数，与时间和频率无关。如图 2-5 所示，当检测高频信息时，即对应小的 a，时间窗会自动变窄，以便在频域用较高的频率分辨率对信号进行分析；而当检测低频信号时，即对应大的 a，时间窗会自动变宽，以便在低频域用较高的时间分辨率对信号进行轮廓分析，因而小波分析具有"数学显微镜"的美誉。

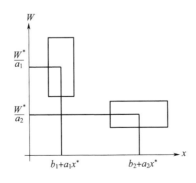

图 2-5 小波分析的时间——频率窗

2.2.3 小波分析的特点和存在的问题

2.2.3.1 小波变换的特点

(1) 有多分辨率，也叫多尺度的特点，可以由粗及细的逐步观察信号。

(2) 可以看成基本频率特性为 $\phi(\omega)$ 的带通滤波器在不同尺度 a 下对信号做滤波。由傅立叶变换的尺度特性可知这组滤波器具有品质因数恒定，即相对带宽（带宽与中心频率之比）恒定的特点（a 越大频率越低）。

(3) 适当地选择基小波，使 $\phi(x)$ 在时域上为有限支撑，$\phi(\omega)$ 在频域上也比较集中，就可以使小波变换在时、频域都具有表征信号局部特征的能力，因此有利于检测信号的瞬态或奇异点。

正是由于上述特点，小波变换被誉为分析信号的数学显微镜。

小波分析的一个主要优点就是能够分析信号的局部特征，例如，可以发现叠加在一个非常规范的正弦信号上的一个非常小的畸变信号的出现时间。利用小波分析可以非常准确地分析出信号在什么时刻发生畸变。小波分析可以检测出其他分析方法忽略的信号特性，例如，信号的趋势、信号的高阶不连续点、自相似特性。小波分析还能以非常小的失真度实现对信号的压缩与消噪，它在图像数据压缩方面的潜力已经得到确认。在二维情况下，小波分析除了"显微"能力外还具有"极化"能力（即方向选择性），因而引人注意。

小波分析是当前应用数学和工程学科中一个迅速发展的新领域，它的应用领域十分广泛，包括：数学领域的许多学科；信号分析、图像处理；量子力学、理论物理；军事电子对抗与武器的智能化；计算机分类与识别；音乐与语言的人工合成；医学成像与诊断；地震勘探数据处理；大型机械的故障诊断等方面。例如，在数学方面，它已用于数值分析、构造快速数值方法、曲线曲面构造、微分方程求解、控制论等；在信号分析方面的滤波、去噪声、压缩、传递等；在图像处理方面的图像压缩、分类、识别与诊断、去污等；在医学成像方面的减少 B 超、CT、核磁共振成像的时间，提高分辨率等。

2.2.3.2 小波变换存在的问题

小波变换也存在一些问题，例如，由于小波变换尺度跨距较宽，数据动态范围较大，因此，计算时往往需要浮点运算，因而加大了工程实时应用的困难。将小波变换和神经网络、遗传算法、模糊逻辑、专家系统、粗糙集等其他多种方法有机结合，克服彼此的不足，发扬自己的优点，是今后小波变换技术发展的必然趋势。

2.3 小波神经网络理论

2.3.1 小波神经网络的发展

小波神经网络是将小波理论与人工神经网络的思想相结合而形成的一种新的神经网络，它既能充分利用小波变换的局部化性质，又能结合神经网络的自学习能力，从而具有较强的逼近和容错能力、较快的收敛速度和较好的预报效果。

张等（Zhang Qinghu，Benveniste）首次明确提出了小波网络的概念和算法，主要研究了单入单出的小波网络，用非正交的 Guass 小波函数组成了前馈神经网络用以逼近任意非线性函数。塞古（Szu）等提出了基于连续小波变换的两种自适应小波神经网络模型，并分别应用于函数逼近和特征提取。帕蒂等（Pati，Krishnaprasad）将离散仿射小波变换引入小波神经网络，并成功地实现了一维信号的逼近。随后，德里昂等（Delyon，Donoho）指出了用符合框架性条件的小波函数对非线性高维函数进行估计是一致收敛的，并在理论上证明了小波估计的准确性，指出了小波估计的误差界。张军（Jun Zhang）用正交尺度函数代替小波神经网络的径向基函数，理论分析和实验均表明这种网络在函数学习中是有效的，并且具有 L2 逼近和一致估计特性，但是正交基构造复杂、网络抗干扰能力差。张邦礼讨论了确定小波基函数和隐层神经元个数的一般方法，并且分析了其学习算法的收敛性和鲁棒性。施恩（He Shiehun）等在数字通信通道盲均衡中采用回归小波神经网络，其小规模和高性能明显优于线性常系数算法和回归径向基函数网络。丁宇新、沈雪勤等提出了基于能量密度的小波神经网络用于逼近复杂非线性函数。他们是在频域分析的基础上，引进能量密度的概念，依据时频相位点的能量密度对小波元进行选择，从而达到减少神经元数，提高收敛速度的目的。徐晓霞利用最小二乘法进行小波神经元函数的选择和网络训练，但是该方法的缺陷是随着网络输入维数的增加，网络训练所需样本数量呈指数上升，并且极易导致网络发散。何振亚提出时延小波神经网络对同一类存在不同时延的多个信号用同一个超小波进行逼近，并估计各样本信号的时延。Kwok-Wo Wong 提出了小波神经网络在线信号合成技术，用递归最小平方准则训练网络实现在线合成，并在训练中用 Bayesian 准则确定最优小波数，仿真表明该方法能够适应系统参数的变化，并能逼近未知的系统函数。何正友、钱清泉提出了一种改进的小波神经网络结构，建立了非显示小波网络的学习算法。2002 年，李换琴、万百五等人提出一种适合高维输入的小波神经网络建模方法，2004 年，他们又提出了将输入变量分层输入的办法，能有效处理高维问题，同年他们还提出了基于模块小波神经网络的建模方法，将复杂问题分而治之。

2.3.2 小波神经网络的基本理论

小波分析理论被认为是傅立叶分析的突破性进展。小波变换通过尺度伸缩和平移对信号进行多尺度分析，能有效提取信号的局部信息。神经网络具有自学习、自适应和容错性等特点并是一类通用函数逼近器。小波神经网络继承了两者的优点，通过训练自适应地调整小波基的形状实现小波变换，同时具有良好的函数逼近能力和模式分类能力。已经证明，小波神经网络在逼近单变量函数时是渐近最优的逼近器。小波神经网络将小波变换良好的时频局域化特性和神经网络的自学习功能相结合，因而具有较强的逼近能力和容错能力。

2.3.2.1 小波和神经网络结合的途径

小波和神经网络结合的途径可以概括为两大类：

一是松散型结合。将小波分析作为常规神经网络的前置处理手段，为神经网络提供输入特征向量，二者虽然彼此紧密相连，但却又相对独立。其结构如图 2-6（a）所示。

二是紧致型结合。将常规单隐层神经网络的隐节点函数由小波函数代替，相应的输入层到隐层的权值及隐层阀值分别由小波函数的尺度与平移参数所代替，如图 2-6（b）所示。

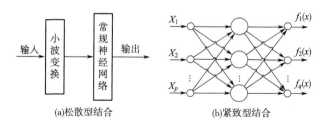

(a)松散型结合　　(b)紧致型结合

图 2-6　小波分析与神经网络的结合方式

2.3.2.2 小波基函数的选取

小波神经网络按照小波基函数的选取可以分为两种：连续小波网络和离散小波

网络，其构造的理论基础是小波函数的重构理论。对于满足容许性条件的母小波，其伸缩平移形成的连续小波基的线性组合在 $L^2(R)$ 中稠密。对于任意函数 $f(x) \in L^2(R)$，可以用其小波变换系数进行逆变换，从而重构 $f(x)$，见式（2-29）。

$$f(x) = \frac{1}{c_\phi} \iint_R \int_R W_f(d, t) \phi\left(\frac{x-t}{d}\right) dddt \tag{2-29}$$

式（2-29）可离散，见式（2-30）：

$$f(x) = \sum_i u_i \phi(d_i x - t_i) \tag{2-30}$$

式（2-30）中，d 是指小波的伸缩系数，t 是小波的平移系数，$u_i = W_f(d, t)$ 称为重构系数，式（2-30）与单隐层的神经网络非常相似，因而连续小波神经网络的结构依此而建。上述小波重构理论保证了连续小波基具有逼近 $L^2(R)$ 中任意函数的能力，因此可以用连续小波函数代替前馈神经网络中的激活函数（Sigmoid 函数）或径向基函数（Radial Basis Function，RBF），构成一种新型前馈神经网络。

对于离散小波，其正交小波按照通常的二进制离散方法可以构成正交基，从而精确重构信号。离散信号的反演公式见式（2-31）。

$$f(x) = \left[W(d, t), 2^{-d/2} \phi(2^{-d} x - t) \right] = \sum_{d, t} W_{d, t} \phi(2^{-d} x - t) \tag{2-31}$$

式（2-31）可以近似表示为式（2-32）。

$$\bar{f}(x) = \sum_{d, t} W_{d, t} c \tag{2-32}$$

可见离散小波和连续小波都可以直接映射为单隐层的前馈神经网络。

2.3.3　小波神经网络的优点和存在的问题

2.3.3.1　小波神经网络的优点

目前，小波神经网络已经成为研究的热点之一，研究表明小波神经网络具有常规人工神经网络所不具备的优点，有希望解决传统人工神经网络存在的一些问题，它通常具有以下优点：

（1）小波神经网络有完善的理论基础。无论是连续小波还是离散化的正交基或紧框架，其线性组合在 $L^2(R)$ 稠密，从而保证能够以任意精度逼近 $L^2(R)$ 空间的任意函数。

（2）离散小波神经元及整个网络结构的确定有可靠的理论依据，可以较容易地确定网络的隐含层节点数和网络参数，避免 BP 网络等结构设计上的盲目性。

（3）选用正交小波基时，网络权系数线性分布和学习目标函数的凸性，使网络的训练过程从根本上避免了局部极小等非线性优化的问题。

（4）连续小波神经网络具有类似 BP 神经网络的形式，隐节点数目较少，抗干扰能力强。

（5）选用正交小波基时，有较强的函数学习能力，能以任意精度逼近任意非线性函数等。因而，将小波函数作为神经网络的激励函数，不仅有助于网络的初始化，又能使网络具有更强的逼近能力和收敛速度，在改进神经网络的实时性能方面显然是迈出了可喜的一步。尤其是用正交小波函数作为激励函数的小波神经网络进行一维函数逼近已取得了一定的进展。

总之，小波神经网络既在分类、控制、消噪、特征提取等方面充分发挥了小波分析的优点，又在任意非线性函数逼近上优于常规的神经网络，故而被广泛应用于地震勘测、信号和图像处理、函数逼近、模式识别、数据压缩、故障诊断、机器视觉、分形、数值计算和控制等领域。

2.3.3.2 小波神经网络存在的问题

小波神经网络有很多优点，在很大程度上改善了神经网络的不足，但是小波神经网络也存在有待改进的地方。

（1）连续小波网络对参数初始值的选取很敏感，而目前关于小波网络参数初始化的研究还较少，缺乏理论指导。

（2）小波系数训练前后调整很小，意味着小波元中存在一定的信息冗余度，应该考虑用算法实现在训练中调整隐含层小波基的个数。

（3）连续小波网络在训练中也存在局部极小值问题，有待采取措施进行改善，使得训练能跳过局部极小点而找到全局最小点。

2.4 本章小结

本章通过对 BP 神经网络方法、小波分析方法和小波神经网络方法的研究，发现 BP 神经网络具有结构简单，能够从全局逼近任意的非线性映射关系的特点，但存在收敛速度慢和陷入局部极小点的问题；小波分析方法具有很好的局部分析能力，但该方法并非智能方法，即算法本身无法针对不同的样本进行特征提取；小波神经网络将小波变换良好的时频局域化特性与神经网络的自学习功能相结合。

3 自适应小波神经网络人工智能方法理论研究

本章在继承传统的自适应小波神经网络算法优点的基础上，通过增加自适应层和综合层的方式以及引入小波基尺度变换训练机制，使神经网络具有了自适应训练样本和克服陷入局部极小点的能力。本章对该算法系统、结构和具体算法进行了详细描述和理论推导，并针对一个实例进行了演算。

3.1 自适应小波神经网络方法概述

本书通过对 BP 神经网络、小波分析和小波神经网络的理论研究，在 BP 神经网络通过调整权值适应训练样本的基础上，利用小波基尺度变换作为另一个适应训练样本的机制，并增加自适应层和综合层，构造自适应小波神经网络。

自适应小波神经网络设计的目标是：

（1）在继承 BP 神经网络结构简单优点的同时，通过小波基尺度变换机制克服其陷入局部极小点的问题。

（2）在继承小波分析对局部信息细节分析能力较强的基础上，使小波分析方法能够成为一种智能分析方法，即小波函数参数的调整过程可以根据样本的特征而由算法自动实现，从而拓宽了该算法的适用范围。

（3）本书设计的自适应小波神经网络，比普通的神经网络多了一个自适应层，可以在网络训练时，自动对各类应用中用到的样本数据建立归一化机制，在网络计算时，可以自动运用自适应机制将输入的待监测样本数据转换成与训练样本匹配的自适应小波神经网络的输入。自适应层使本研究设计的自适应小波神经网络拥有了自适应样本数据值域的特点。自适应小波神经网络的另一个改进之处是比普通的神经网络多了一个综合层，使得神经网络的输出直接具有计算结果到检测诊断结果的映射机制，比其他神经网络具有更好的表达结论的能力。综合层使本研究设计的自适应小波神经网络，通过对前向计算结果值的映射，直接得到算法分析结果。

小波变换通过尺度伸缩和平移对信号进行多尺度分析，能够有效提取信号的局部信息。神经网络具有自学习、自适应和容错性等特点，可以作为函数（映射）逼近器。本书设计的自适应小波神经网络在继承了两者优点的基础上，引入自适应机制和综合机制，使得神经网络具有更好的自适应能力、函数（映射）逼近能力和模式识别分类能力，可以直接得出分析结论。

3.2 自适应小波神经网络的设计

本节将对自适应小波神经网络系统、自适应小波神经网络结构和自适应神经网络算法理论推导三部分内容进行描述。自适应小波神经网络系统描述重点是算法、算法的输入输出与算法系统的关系；自适应小波神经网络结构设计的重点是描述该算法中变量和变量的相互关系，阐明自适应小波神经网络结构和其他神经网络结构的相同和不同之处；自适应小波神经网络算法的理论推导重点是对整个算法的训练过程和前向计算过程进行详细设计。

3.2.1 自适应小波神经网络系统设计

自适应小波神经网络系统通常是由采集装置、变送装置、A/D 转换装置、自适应小波神经网络处理机、显示交互装置、异常报警装置、异常处理装置七个部分构成，如图 3-1 所示。自适应小波神经网络系统的对象是待检测系统。

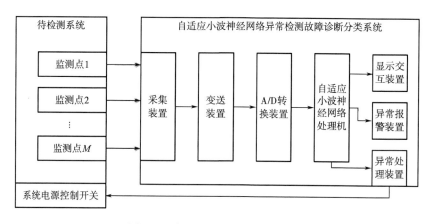

图 3-1 自适应小波神经网络系统

其中自适应小波神经网络算法应用和实施在自适应小波神经网络处理机中。

采集装置的输入接在待检测系统的 M 个监测点（监测点 1 至监测点 M）上，采集当前监测点的模拟信号 $a(\cdot) = a(a_1, a_2, \cdots, a_i)$，其中（$i = 1, 2, \cdots, M$）。采集装置的输出与变送装置的输入相连，将接入的信号经过变送装置转换成标准的信号 $A(\cdot) = A(A_1, A_2, \cdots, A_i)$，其中（$i = 1, 2, \cdots, M$）。变送装置的输出与 A/D 转换装置的输入相连，将变送器输出的标准模拟信号转换成数字信号 $x(\cdot) = x(x_1, x_2, \cdots, x_i)$，其中（$i = 1, 2, \cdots, M$）。A/D 转换装置的输出与自适应小波神经网络处理机的输入相连，自适应小波神经网络处理机通过自适应小波神经网络异常检测故障诊断分类方法，对 M 个监测点（监测点 1 至监测点 M）监测的结果进行计算，得出检测结果 $f(\cdot) = f(f_1, f_2, \cdots, f_m)$，$m = 1, 2, \cdots, F$。自适应小波神经网络处理机的数字输入输出接口与显示交互装置的输入相连，显示交互装置自适应小波神经网络处理机计算的结果，并接受操纵者对系统工作状态的设定和对样本数据的输入。自适应小波神经网络处理机的异常检测输出接口与异常报警装置相连接，异常报警装置用于在发生异常和故障时，通过警示装置、通信工具对操纵者进行报警。自适应小波神经网络处理机的异常处理输出接口与异常处理装置相连接，异常处理装置在发生异常和故障时，通过硬件装置对待检测系统进行控制。

待检测系统和采集装置的特征在于：采集装置的 M 个输入装置是根据待检测系统具体应用到一个领域时 M 个监测点（监测点 1 至监测点 M）的类型确定的，采集结果为模拟信号 $a(\cdot) = a(a_1, a_2, \cdots, a_i)$，其中（$i = 1, 2, \cdots, M$），例如，当系统应用于工业控制领域时，待检测系统的监测点（监测点 1 至监测点 M）的类型为电压、电流、电阻、温度、湿度、流量、受力、磁场强度、光强、辐射、振动、角度时，采集装置则选用与之对应的传感器。当系统应用于图像、视频处理领域时，待检测系统的监测点（监测点 1 至监测点 M）的类型为一幅幅图像时，采集装置则选用与之对应的摄像头、摄像机、照相机、取景器、图像传感器、感光元件传感器、录像机、放像机、计算机。当系统应用于音频、信号处理领域时，待检测系统的监测点（监测点 1 至监测点 M）的类型为声音信号、电磁波信号、生物信号、雷达信号、声呐信号、光电信号时，采集装置则选用与之对应的信号传感器、信号接收器、信号探测器。当系统应用于经济管理类信息领域时，待检测系统的监测点（监测点 1 至监测点 M）的类型为经济指标、设备检测结果、调查统计结果，采集装置则选用与之对应的计算机检测系统、检测设备、统计计算设备。

自适应小波神经网络处理机可以是计算机、工控机、服务器、单片机系统、嵌入式系统或硬件电路；可以接受显示交互装置的数据输入、指令输入，根据输入改变采用自适应小波神经网络分类方法系统的工作状态；可以根据操纵者的指令，对指定的异常和故障通过异常报警装置进行报警；可以根据操纵者的指令，对指定的异常和故障通过异常处理装置进行控制量输出。

3.2.2 自适应小波神经网络结构设计

自适应小波神经网络分类处理机采用了自适应小波神经网络算法，其中自适应小波神经网络由输入层、自适应层、小波函数计算层、输出层、综合层五个部分依次连接构成，如图3-2所示。其中包括 M 个输入层结点，M 个自适应层结点，n 个小波函数计算层结点，N 个输出层结点和 F 个综合层结点构成。其中 w_{ji} 为自适应层与小波函数计算层的连接权值，w_{ik} 为小波函数计算层与输出层的连接权值。

其中，输入层用来存储经过采集、变送、转换处理得到的输入变量 $x(\cdot) = x(x_1, x_2, \cdots, x_i)$，$(i = 1, 2, \cdots, M)$。自适应层将其自适应变换为标准化的待计算量 $X(\cdot) = X(X_1, X_2, \cdots, X_i)$，其中 $(i = 1, 2, \cdots, M)$。小波函数计算层计算得到未经处理的检测诊断原始计算结果 $Y(\cdot) = Y(Y_1, Y_2, \cdots, Y_i)$，其中 $(i = 1, 2, \cdots, N)$。输出层对检测诊断原始结果进行逆自适应变换，得到检测诊断计算结果 $y(\cdot) = y(y_1, y_2, \cdots, y_j)$，其中 $(j = 1, 2, \cdots, N)$。综合层对检测诊断计算结果进行综合计算，得到最终的检测诊断结果 $f(\cdot) = f(f_1, f_2, \cdots, f_m)$，$m = 1, 2, \cdots, F$。

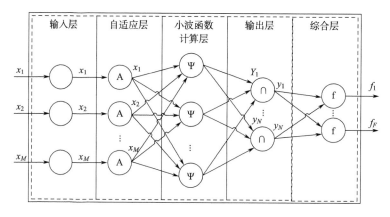

图3-2 自适应小波神经网络结构

3.2.3 自适应小波神经网络算法设计

自适应小波神经网络算法由网络训练算法和网络前向计算算法组成，算法流程如图3-3所示。

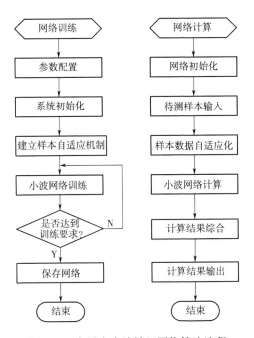

图3-3 自适应小波神经网络算法流程

3.2.3.1 网络训练算法

网络训练由参数配置、系统初始化、建立样本自适应机制、自适应小波神经网络训练和保存网络五个步骤构成。

（1）参数配置。

在进行网络训练和网络计算前，要对自适应小波神经网络的参数进行配置。通过显示交互装置，输入训练样本 $xt(\cdot\cdot)$；网络学习速率 η，η 的取值一般在 $[0.01，0.7]$ 之间；动量系数 μ，μ 的取值一般在 $(0，1]$ 之间；目标熵 Et，Et 的取值一般在 $[$ 样本数据精度数量级 $\times 10^{-3}$，样本数据精度数量级 $\times 10^{-1}]$ 之间；激励函数（本算法选用 Sigmoid 函数）的参数为 θ_0，θ_1，α，β，取值范围详见输出层的计算描述部分，网络的输入层和自适应层的结点数 M；小波函数计算层的结点数 n，输出层的结点数 N 和综合层的结点数 F。将上述参数保存为

$D_{AWNN}(\cdot) = [\eta, \mu, Et, \theta_0, \theta_1, \alpha, \beta, M, n, N, F]$，输入并保存综合层计算公式 $f_{AWNN}(y_1, y_2, \cdots, y_N)$。

通过显示交互装置输入训练样本：

$$xt(\cdot\cdot) = \begin{pmatrix} xt_{11} & xt_{12} & \cdots & x_{1i} & t_{11} & t_{12} & \cdots & t_{1k} \\ xt_{21} & xt_{22} & \cdots & x_{2i} & t_{21} & t_{22} & \cdots & t_{2k} \\ \vdots & \vdots & \ddots & \vdots & \vdots & \vdots & \ddots & \vdots \\ xt_{j1} & xt_{j2} & \cdots & x_{ji} & t_{j1} & t_{j2} & \cdots & t_{jk} \end{pmatrix}$$

其中，每一行表示一组训练样本，xt_{ji} 表示第 j 个训练样本的第 i 个输入值，t_{jk} 表示第 j 个训练样本的第 k 个目标值。$i = 1, 2, \cdots, M$，M 为待监测量的个数。$j = 1, 2, \cdots, L$，L 为训练样本组数。$k = 1, 2, \cdots, N$，N 为自适应小波神经网络输出的维数。

（2）系统初始化。

初始化自适应层和小波函数计算层之间的网络权值表 $wi_j(\cdot\cdot)$，小波函数计算层、输出层之间的 $w_{jk}(\cdot\cdot)$ 和小波函数参数 $a_j(\cdot)$，$b_j(\cdot)$。

（3）建立样本自适应机制。

监控量输入自适应机制的建立过程如下：按照式（3-1）至式（3-4）计算自适应向量：

$$adp(\cdot) = \begin{pmatrix} adpxM_1 & adpxM_2 & \cdots & adpxM_M & adptM_1 & adptM_2 & \cdots & adptM_N \\ adpxm_1 & adpxm_2 & \cdots & adpxm_M & adptm_1 & adptm_2 & \cdots & adptm_N \end{pmatrix}$$

其中，$adpxM_j$ 表示 L 个样本中第 j 个输入变量的最大值，$adpxm_j$ 表示 L 个样本中第 j 个变量的最小值，$adptM_j$ 表示 L 个样本中第 j 个目标值的最大值，$adpxm_j$ 表示 L 个样本中第 j 个目标值的最小值。

$$adpxM_j = \max(xt_{ij}), i = 1, 2, \cdots, M, j = 1, 2, \cdots, L \qquad (3-1)$$

$$adpxm_j = \min(xt_{ij}), i = 1, 2, \cdots, M, j = 1, 2, \cdots, L \qquad (3-2)$$

$$adptM_j = \max(t_{ij}), i = 1, 2, \cdots, N, j = 1, 2, \cdots, L \qquad (3-3)$$

$$adptm_j = \min(t_{ij}), i = 1, 2, \cdots, N, j = 1, 2, \cdots, L \qquad (3-4)$$

根据自适应向量 $adp(\cdot\cdot)$，按照式（3-5）将 $x(\cdot\cdot)$ 自适应变换为 $X(\cdot\cdot)$。

$$X(i, j) = \frac{xt(i, j) - adpxm_i}{adpxM_i - adpxm_i}, i = 1, 2, \cdots, M \qquad (3-5)$$

同理根据自适应向量 $adp(\cdot\cdot)$，按照式（3-6）将 $t(\cdot\cdot)$ 自适应变换为

$T(\cdot\cdot)$。

$$T(i, j) = \frac{t(i, j) - adptm_i}{adptM_i - adptm_i}, i = 1, 2, \cdots, N \tag{3-6}$$

与之对应的训练样本 $xt(\cdot\cdot)$，被变换为 $XT(\cdot\cdot)$。

$$XT(\cdot\cdot) = \begin{pmatrix} X_{11} & X_{12} & \cdots & X_{1i} & T_{11} & T_{12} & \cdots & T_{1k} \\ X_{21} & X_{22} & \cdots & X_{2i} & T_{21} & T_{22} & \cdots & T_{2k} \\ \vdots & \vdots & \ddots & \vdots & \vdots & \vdots & \ddots & \vdots \\ X_{j1} & X_{j2} & \cdots & X_{ji} & T_{j1} & T_{j2} & \cdots & T_{jk} \end{pmatrix} \tag{3-7}$$

$XT(\cdot\cdot)$ 可以分为自适应输入矩阵 $X(\cdot\cdot)$ 和自适应目标值矩阵 $T(\cdot\cdot)$ 两部分。

$$X(\cdot\cdot) = \begin{pmatrix} X_{11} & X_{12} & \cdots & X_{1i} \\ X_{21} & X_{22} & \cdots & X_{2i} \\ \vdots & \vdots & \ddots & \vdots \\ X_{j1} & X_{j2} & \cdots & X_{ji} \end{pmatrix} \tag{3-8}$$

$$T(\cdot\cdot) = \begin{pmatrix} T_{11} & T_{12} & \cdots & T_{1k} \\ T_{21} & T_{22} & \cdots & T_{2k} \\ \vdots & \vdots & \ddots & \vdots \\ T_{j1} & T_{j2} & \cdots & T_{jk} \end{pmatrix} \tag{3-9}$$

（4）自适应小波神经网络训练。

令小波函数计算层的结点为小波函数 $\Psi(x)$ 通过伸缩平移产生的一组小波基，见式（3-7）。

$$\Psi_j(x) = \frac{1}{\sqrt{a_j}} \cdot \Psi\left(\frac{x - b_j}{a_j}\right) \tag{3-10}$$

其中，Ψ_j 为第 j 个小波基，$j = 1, 2, \cdots, n$，n 为小波基的个数。a_j 为第 j 个小波基的伸缩因子，决定小波函数的形状。b_j 为第 j 个小波基的平移因子，决定小波函数的水平位置。

以当前自适应层的输出 $X(\cdot\cdot)$ 作为输入，则第 i 个输出层变量 $Y(i)$ 的网络计算公式见式（3-11）。

$$Y(i) = \sum_{j=0}^{n} w_{ij} \cdot \Psi_j\left(\sum_{k=0}^{M} w_{jk} \cdot X_k\right), i = 1, 2, \cdots, N \tag{3-11}$$

其中，w_{ij} 为自适应层与小波函数计算层的连接权值，w_{ik} 为小波函数计算层与输出层的连接权值，X_k 表示小波函数计算层第 k 个输入变量。

自适应小波神经网络的训练方法采用基于梯度最速下降法的神经网络训练方法，令网络学习速率为 η ，动量系数为 μ ，提高收敛速度，网络参数调整公式如下。

对于 L 组样本 $xt(\cdot\cdot)$ ，采用下列方式表示样本：x_{pk} 为第 p 个训练样本第 k 个输入，X_{pk} 为自适应变换后的 x_{pk} ，Y_{pi} 为第 p 个训练样本实际计算出的第 i 个输出，t_{pi} 为第 p 个训练样本对应的第 i 个目标输出，T_{pi} 为自适应变换后的 t_{pi} ，按照式（3-12）定义熵函数 E 。

$$E = -\sum_{p=1}^{L}\sum_{i=1}^{N}\left[T_{pi}\cdot\ln y_{pi} + (1-T_{pi})\ln(1-y_{pi})\right] \tag{3-12}$$

设小波函数计算层第 j 个训练样本的输入为 net_j ，计算公式见式（3-13）。

$$net_j = \sum_{k=1}^{M} w_{jk}\cdot X_k \tag{3-13}$$

则由式（3-11）和式（3-13），得到式（3-14），计算出未经处理的检测诊断原始计算结果。

$$Y(i) = \sum_{j=1}^{n} w_{ij}\Psi_j(net_j)\ ,\ (i = 1,\ 2,\ \cdots,\ N) \tag{3-14}$$

由式（3-12）和式（3-14），求偏导数得到式（3-15）至式（3-18）。

$$\frac{\partial E}{\partial w_{ij}} = -\sum_{p=1}^{L}(T_{pi}-y_{pi})\Psi_j(net_{pj}) \tag{3-15}$$

$$\frac{\partial E}{\partial w_{jk}} = -\sum_{p=1}^{L}\sum_{i=1}^{N}(T_{pi}-y_{pi})\cdot w_{ij}\cdot\Psi'_j(net_{pj})\cdot X_{pk}/a_j \tag{3-16}$$

$$\frac{\partial E}{\partial b_j} = \sum_{p=1}^{L}\sum_{i=1}^{N}(T_{pi}-y_{pi})\cdot w_{ij}\cdot\Psi'_j(net_{pj})/a_j \tag{3-17}$$

$$\frac{\partial E}{\partial a_j} = \sum_{p=1}^{L}\sum_{i=1}^{N}(T_{pi}-y_{pi})\cdot w_{ij}\cdot\Psi'_j(net_{pj})\cdot\left(\frac{net_{pj}-b_j}{b_j}\right)/a_j \tag{3-18}$$

网络学习速率为 η ，动量系数为 μ ，则自适应小波神经网络权值调整公式为式（3-19）至式（3-22）。

$$w_{jk}(t+1) = w_{jk}(t) - \eta\cdot\frac{\partial E}{\partial w_{jk}} + \mu\cdot\Delta w_{jk}(t) \tag{3-19}$$

$$w_{ij}(t+1) = w_{jk}(t) - \eta\cdot\frac{\partial E}{\partial w_{ij}} + \mu\cdot\Delta w_{ij}(t) \tag{3-20}$$

$$a_j(t+1) = a_j(t) - \eta\cdot\frac{\partial E}{\partial a_j} + \mu\cdot\Delta a_j(t) \tag{3-21}$$

$$b_j(t + 1) = b_j(t) - \eta \cdot \frac{\partial E}{\partial b_j} + \mu \cdot \Delta b_j(t) \tag{3-22}$$

按照基于梯度最速下降法的神经网络训练方法进行迭代计算，直至当前训练熵 E 小于目标熵 Et 时，停止迭代计算，此时网络满足误差精度要求，训练的结果为自适应层和小波函数计算层之间的网络权值表 $w_{ij}(\cdot\cdot)$，小波函数计算层、输出层之间的 $w_{jk}(\cdot\cdot)$，小波函数参数 $a_j(\cdot)$ 和 $b_j(\cdot)$。

（5）保存网络。

保存自适应层和小波函数计算层之间的网络权值表 $W_{ij}(\cdot\cdot) = w_{ij}(\cdot\cdot)$，小波函数计算层、输出层之间的 $W_{jk}(\cdot\cdot) = w_{jk}(\cdot\cdot)$ 和小波函数参数 $A_j(\cdot) = a_j(\cdot)$，$B_j(\cdot) = b_j(\cdot)$，以及保存自适应向量 $ADP(\cdot) = adp(\cdot)$，用于网络计算。

3.2.3.2 网络前向计算算法

网络计算由网络初始化、待测样本输入、样本数据自适应化、自适应小波网络计算和计算结果综合五个步骤构成。

（1）网络初始化。

在网络进行计算前，至少要进行一次网络训练以获得用于自适应小波神经网络计算的参数 $W_{ij}(\cdot\cdot)$，$W_{jk}(\cdot\cdot)$，$A_j(\cdot)$，$B_j(\cdot)$。

载入自适应层和小波函数计算层之间的网络权值表 $w_{ij}(\cdot\cdot) = W_{ij}(\cdot\cdot)$，小波函数计算层、输出层之间的网络权值表 $w_{jk}(\cdot\cdot) = W_{jk}(\cdot\cdot)$，小波函数参数 $a_j(\cdot) = A_j(\cdot)$，$b_j(\cdot) = B_j(\cdot)$，以及载入自适应向量 $adp(\cdot) = ADP(\cdot)$。从网络配置参数 $D_{AWNN}[\cdot] = [\eta, \mu, Et, \theta_0, \theta_1, \alpha, \beta, M, n, N, F]$ 中载入网络学习速率 $\eta = D_{AWNN}[\eta]$；动量系数 $\mu = D_{AWNN}[\mu]$；目标熵 $Et = D_{AWNN}[Et]$；激励函数（本算法选用 Sigmoid 函数）的参数 $\theta_0 = D_{AWNN}[\theta_0]$，$\theta_1 = D_{AWNN}[\theta_1]$，$\alpha = D_{AWNN}[\alpha]$，$\beta = D_{AWNN}[\beta]$；网络的输入层和自适应层结点数 $M = D_{AWNN}[M]$；小波函数计算层结点数 $n = D_{AWNN}[n]$；输出层结点数 $N = D_{AWNN}[N]$ 和综合层结点数 $F = D_{AWNN}[F]$。载入综合层计算公式为 $f_{AWNN}(y_1, y_2, \cdots, y_N)$。

（2）待测样本输入。

自适应小波神经网络处理机作为待测样本的输入，见式（3-23）。

$$x(\cdot) = x(x_1, x_2, \cdots, x_i), (i = 1, 2, \cdots, M) \tag{3-23}$$

（3）样本数据自适应化。

根据载入的自适应向量 $adp(\cdot)$，按照式（3-24）将 $x(\cdot)$ 自适应变换为 $X(\cdot)$。

$$X(i) = \frac{x(i) - adpxm_i}{adpxM_i - adpxm_i}, i = 1, 2, \cdots, M \qquad (3-24)$$

（4）自适应小波网络计算。

以当前自适应层的输出 $X(\cdot)$ 作为输入，则第 i 个输出层变量 $Y(i)$ 的网络计算公式见式（3-25）。

$$Y(i) = \sum_{j=0}^{n} w_{ij} \cdot \Psi_j \left(\sum_{k=0}^{M} w_{jk} \cdot X_k \right), i = 1, 2, \cdots, N \qquad (3-25)$$

其中，w_{ij} 为自适应层与小波函数计算层的连接权值，w_{ik} 为小波函数计算层与输出层的连接权值，Ψ_j 为第 j 个小波基，X_k 表示小波函数计算层第 k 个输入变量。

输出层采用 Sigmoid 函数为激活函数，将小波函数计算层的输出 $Y(i)$ 按照式（3-26）计算得到输出层输出 $y(i)$：

$$y(i) = \frac{1}{1 + e^{[-(Y(i)+\theta_1)/\theta_0]}} \cdot \alpha - \beta, i = 1, 2, \cdots, N \qquad (3-26)$$

式（3-26）中参数的物理意义是：参数 θ_1 表示横向偏值，正的 θ_1 使激活函数水平向左移动。参数 θ_0 的作用是调节 Sigmoid 函数水平形状的，较小的 θ_0 使 Sigmoid 函数逼近一个阶越限幅函数，而较大的 θ_0 将使 Sigmoid 函数变得较为平坦。α 的作用是调节 Sigmoid 函数纵向形状的，较小的 α 使 Sigmoid 函数高度较小呈扁平状，而较大的 α 将使 Sigmoid 函数高度较大。β 表示纵向偏值，正的 β 使激活函数垂直向上移动。

式（3-26）中参数的取值原则是：如果自适应小波神经网络输出的结论期望是布尔型，θ_0 取值较小，在 [0，1) 之间。如果自适应小波神经网络输出的结论期望是连续型，θ_0 取值较大，在 [1，2) 之间。θ_0 的取值一般为1，在特殊应用时取值范围一般在 (-1，1) 之间。α 和 β 的配合可以调整 Sigmoid 函数的输出范围，例如 $\alpha = 1$ 和 $\beta = 0$ 时 Sigmoid 函数的输出范围是 (0，1)，而 $\alpha = 2$ 和 $\beta = 1$ 时 Sigmoid 函数的输出范围是 (-1，1)，通常情况下 α 和 β 的取值是上述两种情况。

（5）计算结果综合。

综合层将自适应小波神经网络计算的结果通过计算得出一个或多个结论，结论的个数用 F 表示，计算公式见式（3-27）。

$$f_m = f_{AWNN}(y_1, y_2, \cdots, y_N), m = 1, 2, \cdots, F \qquad (3-27)$$

F 个 f_m 即为自适应小波神经网络计算的最终结论。

3.3　自适应小波神经网络算法实例研究

3.3.1　自适应小波神经网络算法实例的提出

为了使算法具有实际意义，本书选取了一个经典的神经网络模式识别的例子，即数字图像的识别实验。

数字图像识别实验的内容为：设计一个神经网络并训练它，使它识别 0，1，…，9 的数字图像，如图 3-4 所示。

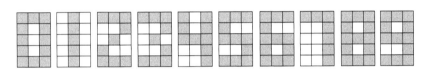

图 3-4　经典模式识别问题中待识别的数字图像

3.3.2　针对研究实例的算法设计

3.3.2.1　自适应小波神经网络算法参数和变量设计

根据 3.2.3.1 节自适应小波神经网络训练的五个步骤，在进行网络训练和网络前向计算前，首先要对自适应小波神经网络算法涉及的参数进行配置，并输入训练样本和待测样本。

（1）训练样本的确定。

首先将这 10 个数字图像数字化，即将每个数字图像对应为一个 3×5 布尔量网络。例如，0 用 [1 1 1 1 0 1 1 0 1 1 0 1 1 1 1] 表示，1 用 [0 1 0 0 1 0 0 1 0 0 1 0 0 1 0] 表示，等等。将 10 个含 15 个布尔量网络元素的输入向量定义成一个 15×10 维的输入矩阵 X，X 中每行的 15 个元素对应一个数字图像展开的布尔量网络元素。例如，X 中的第一行 [1 1 1 1 0 1 1 0 1 1 0 1 1 1 1] 表示 0。目标向量也被定义为一个 1×10 维的目标矩阵 T，其每行的 1 个元素对应一个数字图像表示的数值。

根据上述模型建立的训练样本为：

$$xt(\cdot\cdot) = \begin{bmatrix} 1 & 1 & 1 & 1 & 0 & 1 & 1 & 0 & 1 & 1 & 0 & 1 & 1 & 1 & 1 & 0 \\ 0 & 1 & 0 & 0 & 1 & 0 & 0 & 1 & 0 & 0 & 1 & 0 & 0 & 1 & 0 & 1 \\ 1 & 1 & 1 & 0 & 0 & 1 & 0 & 1 & 0 & 1 & 0 & 0 & 1 & 1 & 1 & 2 \\ 1 & 1 & 1 & 0 & 0 & 1 & 0 & 1 & 0 & 0 & 0 & 1 & 1 & 1 & 1 & 3 \\ 1 & 0 & 1 & 1 & 0 & 1 & 1 & 1 & 1 & 0 & 0 & 1 & 0 & 0 & 1 & 4 \\ 1 & 1 & 1 & 1 & 0 & 0 & 1 & 1 & 1 & 0 & 0 & 1 & 1 & 1 & 1 & 5 \\ 1 & 1 & 1 & 1 & 0 & 0 & 1 & 1 & 1 & 1 & 0 & 1 & 1 & 1 & 1 & 6 \\ 1 & 1 & 1 & 0 & 0 & 1 & 0 & 0 & 1 & 0 & 0 & 0 & 0 & 0 & 0 & 7 \\ 1 & 1 & 1 & 1 & 0 & 1 & 1 & 1 & 1 & 1 & 0 & 1 & 1 & 1 & 1 & 8 \\ 1 & 1 & 1 & 1 & 0 & 1 & 1 & 1 & 1 & 0 & 0 & 1 & 1 & 1 & 1 & 9 \end{bmatrix}$$

对于训练样本 $xt(\cdot\cdot)$，每行表示一个训练样本对，前 15 列为输入，最后一列为该 15 个输入对应的目标值。

（2）待测样本的确定。

同时给出待测样本，用于对训练完成的网络进行前向计算检验。

$$x(\cdot\cdot) = \begin{bmatrix} 1 & 1 & 1 & 1 & 0 & 1 & 1 & 0 & 1 & 1 & 0 & 1 & 1 & 1 & 1 \\ 0 & 1 & 0 & 0 & 1 & 0 & 0 & 1 & 0 & 0 & 1 & 0 & 0 & 1 & 0 \\ 1 & 1 & 1 & 0 & 0 & 1 & 0 & 1 & 0 & 1 & 0 & 0 & 1 & 1 & 1 \\ 1 & 1 & 1 & 0 & 0 & 1 & 0 & 1 & 0 & 0 & 0 & 1 & 1 & 1 & 1 \\ 1 & 0 & 1 & 1 & 0 & 1 & 1 & 1 & 1 & 0 & 0 & 1 & 0 & 0 & 1 \\ 1 & 1 & 1 & 1 & 0 & 0 & 1 & 1 & 1 & 0 & 0 & 1 & 1 & 1 & 1 \\ 1 & 1 & 1 & 1 & 0 & 0 & 1 & 1 & 1 & 1 & 0 & 1 & 1 & 1 & 1 \\ 1 & 1 & 1 & 0 & 0 & 1 & 0 & 0 & 1 & 0 & 0 & 0 & 0 & 0 & 0 \\ 1 & 1 & 1 & 1 & 0 & 1 & 1 & 1 & 1 & 1 & 0 & 1 & 1 & 1 & 1 \\ 1 & 1 & 1 & 1 & 0 & 1 & 1 & 1 & 1 & 0 & 0 & 1 & 1 & 1 & 1 \end{bmatrix}$$

（3）自适应小波神经网络结构参数的确定。

网络学习速率 $\eta = 0.1$；

动量系数 $\mu = 1$；

目标熵 $Et = 0.01$；

网络训练最大次数 epoch = 10 000；

激励函数（本书选取 Sigmoid 函数为激励函数）参数 $\theta_0 = 1$，$\theta_1 = 0$，$\alpha = 2$，$\beta = 1$；

网络的输入层和自适应层结点数 $M = 15$；

小波函数计算层结点数 $n = 10$；

输出层结点数 $N = 1$；

综合层结点数 $F=1$。

初始化步骤为，将上述参数保存为 $D_{AWNN}(\cdot)=[\eta,\ \mu,\ Et,\ \theta_0,\ \theta_1,\ \alpha,\ \beta,\ M,\ n,\ N,\ F]$，输入并保存综合层计算公式 $f_{AWNN}(y)=y$，初始化自适应层和小波函数计算层之间的网络权值表 $w_{ij}(\cdot\cdot)$，小波函数计算层、输出层之间的 $w_{jk}(\cdot\cdot)$ 和小波函数参数 $a_j(\cdot\cdot)$，$b_j(\cdot\cdot)$。

3.3.2.2 自适应层计算

根据自适应向量 $adp(\cdot)$，按照式（3-5）和（3-6）将 $xt(\cdot)$ 自适应变换为 $XT(\cdot\cdot)$：

$$XT(\cdot\cdot)=\begin{bmatrix} 1 & 1 & 1 & 1 & 0 & 1 & 1 & 0 & 1 & 1 & 0 & 1 & 1 & 1 & 1 & 0 \\ 0 & 1 & 0 & 0 & 1 & 0 & 0 & 1 & 0 & 0 & 1 & 0 & 0 & 1 & 0 & 0.11 \\ 1 & 1 & 1 & 0 & 0 & 1 & 0 & 1 & 0 & 1 & 0 & 0 & 1 & 1 & 1 & 0.22 \\ 1 & 1 & 1 & 0 & 0 & 1 & 0 & 1 & 0 & 0 & 0 & 1 & 1 & 1 & 1 & 0.33 \\ 1 & 0 & 1 & 1 & 0 & 1 & 1 & 1 & 1 & 0 & 0 & 1 & 0 & 0 & 1 & 0.44 \\ 1 & 1 & 1 & 1 & 0 & 0 & 1 & 1 & 1 & 0 & 0 & 1 & 1 & 1 & 1 & 0.56 \\ 1 & 1 & 1 & 1 & 0 & 0 & 1 & 1 & 1 & 1 & 0 & 1 & 1 & 1 & 1 & 0.67 \\ 1 & 1 & 1 & 0 & 0 & 1 & 0 & 0 & 1 & 0 & 0 & 0 & 0 & 0 & 0 & 0.78 \\ 1 & 1 & 1 & 1 & 0 & 1 & 1 & 1 & 1 & 1 & 0 & 0 & 1 & 1 & 1 & 0.89 \\ 1 & 1 & 1 & 1 & 0 & 1 & 1 & 1 & 1 & 0 & 0 & 1 & 1 & 1 & 1 & 1 \end{bmatrix}$$

$XT(\cdot\cdot)$ 对应的自适应输入矩阵为：

$$X(\cdot\cdot)=\begin{bmatrix} 1 & 1 & 1 & 1 & 0 & 1 & 1 & 0 & 1 & 1 & 0 & 1 & 1 & 1 & 1 \\ 0 & 1 & 0 & 0 & 1 & 0 & 0 & 1 & 0 & 0 & 1 & 0 & 0 & 1 & 0 \\ 1 & 1 & 1 & 0 & 0 & 1 & 0 & 1 & 0 & 1 & 0 & 0 & 1 & 1 & 1 \\ 1 & 1 & 1 & 0 & 0 & 1 & 0 & 1 & 0 & 0 & 0 & 1 & 1 & 1 & 1 \\ 1 & 0 & 1 & 1 & 0 & 1 & 1 & 1 & 1 & 0 & 0 & 1 & 0 & 0 & 1 \\ 1 & 1 & 1 & 1 & 0 & 0 & 1 & 1 & 1 & 0 & 0 & 1 & 1 & 1 & 1 \\ 1 & 1 & 1 & 1 & 0 & 0 & 1 & 1 & 1 & 1 & 0 & 1 & 1 & 1 & 1 \\ 1 & 1 & 1 & 0 & 0 & 1 & 0 & 0 & 1 & 0 & 0 & 0 & 0 & 0 & 0 \\ 1 & 1 & 1 & 1 & 0 & 1 & 1 & 1 & 1 & 1 & 0 & 0 & 1 & 1 & 1 \\ 1 & 1 & 1 & 1 & 0 & 1 & 1 & 1 & 1 & 0 & 0 & 1 & 1 & 1 & 1 \end{bmatrix}$$

自适应目标值矩阵：

$$T(\cdot) = \begin{pmatrix} 0 \\ 0.11 \\ 0.22 \\ 0.33 \\ 0.44 \\ 0.56 \\ 0.67 \\ 0.78 \\ 0.89 \\ 1 \end{pmatrix}$$

网络训练算法和网络前向计算算法见自适应小波神经网络的理论推导部分。

本研究中自适应小波神经网络算法中满足框架条件的小波函数见式（3-28）。

$$\psi(t) = \cos(1.75t)\exp(-t^2/2) \tag{3-28}$$

系数的选择使小波基在一定伸缩平移条件下的框架边界 $B/A \approx 1$，其一阶导数的形式见式（3-29）。

$$\psi'(t) = -1.75\sin(1.75t)\exp(-t^2/2) - t \cdot \cos(1.75t)\exp(-t^2/2) \tag{3-29}$$

3.4 本章小结

本章针对所研究的视频分析方法和问题，设计自适应小波神经网络方法，该算法在继承了小波神经网络优点的基础上，通过增加自适应层和综合层，增加了对样本的自适应能力。本章还对自适应小波神经网络系统、结构和具体算法进行了详细描述和理论推导，并针对一个实例进行了算法演算。本章的工作为后续进行计算机仿真实验和构建智能视频监控系统奠定了基础。

4 自适应小波神经网络方法的计算机仿真研究

本章采用计算机仿真的方法，通过可行性验证实验、调整关键参数实验和与类似算法的对比实验，进一步验证了该算法的性能特点，并给出了算法参数的选择方法。

4.1 计算机仿真研究概述

4.1.1 计算机仿真方法概述

研究一种算法在系统中的应用，首先要借助数学建模的方法对系统建模，再以计算机为工具对建立的数学模型进行求解，得到并分析计算结果。如果计算机仿真结果可行，工程设计人员便可以吸取计算机仿真过程中对参数设置的经验，最后再将成熟的算法移植到实际工程中去。

Matlab 计算机仿真工具是一个高级的数学分析与运算软件，可以用作动态系统的建模与仿真，它非常适用于矩阵的分析与运算。Matlab 是一个开放的环境，在这个环境下，人们开发了许多具有特殊用途的工具箱软件，目前已开发了 30 多个工具箱，如神经网络、信号处理、模糊控制等。本书涉及的理论方法主要通过 Matlab 工具实施验证。

Matlab 对系统仿真主要有三种形式，如表 4-1 所示。

表 4-1 Matlab 系统仿真方法比较

	Simulink	S-函数	M-文件
简述特点	以模块拖拽、连接组态方式为主	编写模块程序，相当于 Simulink 的模块	编写控制系统的每个环节，纯代码形式
优点	直观、易学，只需设置参数、无须编程	只需编写局部自创的新算法函数，灵活	十分灵活，很多工具箱支持，计算速度快

47

	Simulink	S-函数	M-文件
缺点	对于自创的新算法、新模型无能为力	接口受 S-函数限制,算法受其他模块限制	对数学模型、仿真编程要求高、难度大
主要应用	常见的神经网络仿真	改动较少的常见的神经网络实验	特殊的和改动比较大的神经网络仿真

通过上述对比分析可以看出,上述三种 Matlab 仿真方法的特点如下:Simulink 方法是最简单的图形组态仿真方法,适用于初学者和标准模块构成的系统建模;M-文件方法需要全部用 Matlab 语言编程实现,是较为复杂但专业、灵活的方法;S-函数方法介于两者之间,既发挥了 Simulink 方法的易操作性,又由于局部使用了 Matlab 语言编写程序,实现了自创或改进算法的设计。

因为本书研究的自适应小波神经网络算法与传统的神经网络算法(Matlab 神经网络工具箱中所提供的模块中的算法)相比差异相对较大,所以本研究选择了实现较复杂但编程较灵活的使用 Matlab 语句编写 M-文件的计算机仿真方法。

4.1.2　计算机仿真研究的目标

针对本课题中的自适应小波神经网络理论,通过 Matlab 计算机仿真方法对其做进一步研究。研究的目标有三点。

研究目标 1:验证自适应小波神经网络算法是否可以解决模式识别问题,即验证该算法是否可以实现非线性拟合和分类的功能。

研究目标 2:验证自适应小波神经网络算法的性能特征,通过调整自适应小波神经网络的关键参数(例如学习效率参数和训练误差精度参数),得出这些参数对神经网络训练次数和算法收敛性能指标的影响。

研究目标 3:通过自适应小波神经网络算法和经典的 BP 神经网络算法计算机仿真结果的对比,得到两种算法性能特征的对比结果。选择与 BP 神经网络算法做对比的原因是由于本研究应用的自适应小波神经网络算法和 BP 神经网络算法类似。

4.1.3　计算机仿真研究的实验内容

为了更全面地研究自适应小波神经网络算法的性能特点,并论证该算法对经典的神经网络算法性能指标的提升情况，本课题针对 4.1.2 节提出的研究目标，设计了如下实验：

针对研究目标 1 设计的实验为：

实验 1：自适应小波神经网络算法可行性实验。

针对研究目标 2 设计的实验为：

实验 2：自适应小波神经网络算法变学习效率实验；

实验 3：自适应小波神经网络算法变误差精度实验。

针对研究目标 3 设计的实验为：

实验 4：BP 神经网络算法可行性实验；

实验 5：BP 神经网络算法变学习效率实验；

实验 6：BP 神经网络算法变误差精度实验。

4.1.4　计算机仿真研究的程序设计

4.1.4.1　计算机仿真程序的构成

使用 Matlab 对两种神经网络算法编写的计算机仿真程序包含两个关键部分：

（1）面向神经网络结构的程序设计（即神经网络初始化程序设计）。设计一系列数据结构（参数和数组变量）实现神经网络算法中涉及的数据在程序运行过程中的存放。这些数据结构包括：神经网络各层神经元数据、神经网络各层之间的连接权值矩阵、各类样本数据、神经网络各项参数。

（2）面向神经网络算法的程序设计。包括神经网络训练程序设计和神经网络前向计算程序设计。神经网络训练程序，按照算法公式根据训练样本数据进行计算，得到连接权值矩阵；神经网络前向计算程序将输入的待测样本数据，根据神经网络前向计算算法和上述连接权值矩阵，计算出训练样本对应的输出值。

4.1.4.2　计算机仿真程序的关键参数设置

在神经网络训练算法初始化过程中，训练次数的最大值 epoch、最小期望误差 err_ goal 和学习速率参数 lr 对神经网络训练的效果和结果有直接的影响。因此，给出这三个参数的设计原则：

（1）设定神经网络训练次数的最大值 epoch 为一个较大的不变常数，这样做的目的是保证神经网络的训练能够完成，即保证训练误差符合期望误差的要求。在大部分实际应用中，神经网络的训练过程是在系统或产品应用前一次性完成的，神经网络的权值和参数以常数的形式固化在应用系统或产品的存储器中，在实际应用过程中只用到神经网络的前向计算过程。

（2）设定神经网络训练的最小期望误差 err_ goal 不可设置过小或过大：该参数不能太小，否则会导致神经网络无法在规定的训练次数内完成训练，该参数也不能太大，否则会导致神经网络训练完成过快，根据实验结果绘制的误差曲线较短，不便于观察分析。

（3）调整神经网络训练的学习速率参数 lr，调整的原则是从小到大递增，调整的步长也是从小到大递增，这样做的目的是保证第一次训练时算法结果能够平滑的收敛，误差曲线不会出现太大的抖动。

4.1.4.3 计算机仿真主要变量的设计

为了使本节设计的实验具有可对比性，六个实验选用了相同的样本数据，即训练样本输入矩阵和待测样本矩阵均为：

$$X\_ Sample = \begin{bmatrix} 1 & 1 & 1 & 1 & 0 & 1 & 1 & 0 & 1 & 1 & 0 & 1 & 1 & 1 & 1; \\ 0 & 1 & 0 & 0 & 1 & 0 & 0 & 1 & 0 & 0 & 1 & 0 & 0 & 1 & 0; \\ 1 & 1 & 1 & 0 & 0 & 1 & 0 & 1 & 0 & 1 & 0 & 0 & 1 & 1 & 1; \\ 1 & 1 & 1 & 0 & 0 & 1 & 0 & 1 & 0 & 0 & 0 & 1 & 1 & 1 & 1; \\ 1 & 0 & 1 & 1 & 0 & 1 & 1 & 1 & 1 & 0 & 0 & 1 & 0 & 0 & 1; \\ 1 & 1 & 1 & 1 & 0 & 0 & 1 & 1 & 1 & 0 & 0 & 1 & 1 & 1 & 1; \\ 1 & 1 & 1 & 1 & 0 & 1 & 0 & 1 & 1 & 1 & 0 & 1 & 1 & 1 & 1; \\ 1 & 1 & 1 & 0 & 0 & 1 & 0 & 0 & 1 & 0 & 0 & 1 & 0 & 0 & 1; \\ 1 & 1 & 1 & 1 & 0 & 1 & 1 & 1 & 1 & 1 & 0 & 1 & 1 & 1 & 1; \\ 1 & 1 & 1 & 1 & 0 & 1 & 1 & 1 & 1 & 0 & 0 & 1 & 1 & 1 & 1 \end{bmatrix}$$

训练样本目标值矩阵为：

$$T\_ Sample = \begin{bmatrix} 0.0; \\ 0.1; \\ 0.2; \\ 0.3; \\ 0.4; \\ 0.5; \\ 0.6; \\ 0.7; \\ 0.8; \\ 0.9 \end{bmatrix}$$

神经网络的连接权值矩阵 $W_{ij}(\cdot\cdot)$，$W_{jk}(\cdot\cdot)$ 和小波基函数尺度变换变量矩阵 $a(\cdot)$，$b(\cdot)$ 的取值方式均相同，即采用相同规则的随机数或固定值的方式。相应的 Matlab 初始化程序为：

$W_{ij} = \text{randn}(n, M)$；

$W_{jk} = \text{randn}(N, n)$；

$a = 1 : 1 : n$；

$b = \text{randn}(1, n)$；

4.2 计算机仿真实验的主要内容

4.2.1 自适应小波神经网络算法的可行性实验

（1）实验目的。研究自适应小波神经网络算法是否收敛，即该算法是否可以完成对样本数据的训练。

（2）实验特征。采用自适应小波神经网络算法。

（3）实验数据描述。训练样本为 $xt(\cdot\cdot)$，待测样本为 $x(\cdot\cdot)$，神经网络的连接权值矩阵为 $W_{ij}(\cdot\cdot)$，$W_{jk}(\cdot\cdot)$ 和小波基函数尺度变换变量矩阵为 $a(\cdot)$，$b(\cdot)$。

（4）关键参数设定。设定自适应小波神经网络训练次数的最大值 epoch = 10 000；设定自适应小波神经网络训练的最小期望误差 err_ goal = 0.01；设定自适应小波神经网络训练的学习速率参数 lr = 0.1。

相应的 Matlab 初始化程序为：

```
max_ epoch = 10 000;    %%% = = = 设定训练次数的最大值 = = =%%%
err_ goal = 0.01;        %%% = = = 设定期望的误差最小值 = = =%%%
lr = 0.1;                %%% = = = 设定修正权值的学习速率0.01-0.7 = = =%%%
```

Matlab 的计算机仿真结果如图 4-1 所示，其中，epoch 表示本次训练次数结束时的实际训练次数，ans 表示训练完成后，待测样本通过神经网络前向计算得到的输出。

通过反复 10 次训练，得到历次实际发生的训练次数 epoch 值，除去最高值和最低值后计算出平均值，分别填入表 4-2。

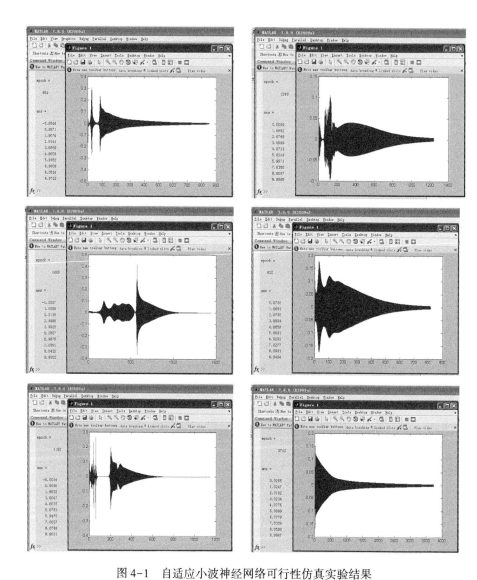

图 4-1 自适应小波神经网络可行性仿真实验结果

表 4-2 自适应小波神经网络可行性仿真实验结果

实验序号	1	2	3	4	5	6	7	8	9	10	均值
训练次数	854	1 246	1 449	820	1 150	3 742	1 328	933	1 015	101	1 264

本实验至此完成。

4.2.2 自适应小波神经网络算法设置不同学习效率的实验

（1）实验目的。研究学习效率参数对自适应小波神经网络训练结果的影响。

（2）实验特征。采用自适应小波神经网络算法，将学习效率参数由 lr = 0.1 改为 lr = 0.3。

（3）实验数据描述。训练样本为 $xt(\cdot\cdot)$，待测样本为 $x(\cdot\cdot)$，神经网络的连接权值矩阵为 $W_{ij}(\cdot\cdot)$，$W_{jk}(\cdot\cdot)$ 和小波基函数尺度变换变量矩阵为 $a(\cdot)$，$b(\cdot)$。

（4）关键参数设定。设定自适应小波神经网络训练次数的最大值 epoch = 10 000；设定自适应小波神经网络训练的最小期望误差 err_ goal = 0.01；设定自适应小波神经网络训练的学习速率参数 lr = 0.3。

相应的 Matlab 初始化程序为：

max_ epoch = 10 000;　　%%% = = = 设定训练次数的最大值 = = =%%%

err_ goal = 0.01;　　　　%%% = = = 设定期望的误差最小值 = = =%%%

lr = 0.3;　　　　　　　　%%% = = = 设定修正权值的学习速率0.01-0.7 = = =%%%

Matlab 的计算机仿真结果如图 4-2 所示，其中，epoch 表示本次训练次数结束时的实际训练次数，ans 表示训练完成后，待测样本通过神经网络前向计算得到的输出。

通过反复 10 次训练，得到历次实际发生的训练次数 epoch 值，除去最高值和最低值后计算出平均值，分别填入表 4-3。

表 4-3　自适应小波神经网络调整学习效率参数仿真实验结果

实验序号	1	2	3	4	5	6	7	8	9	10	均值
训练次数	4 882	7 536	4 597	10 000	1 433	10 000	5 059	4 988	5 351	4 374	5 255

本实验至此完成。

4.2.3 自适应小波神经网络算法设置不同误差的精度实验

（1）实验目的。研究误差精度参数对自适应小波神经网络训练结果的影响，同时实验算法是否会陷入局部极小点。

（2）实验特征。采用自适应小波神经网络算法，将误差精度参数由 err_ goal = 0.01 改为 err_ goal = 0.000 1。

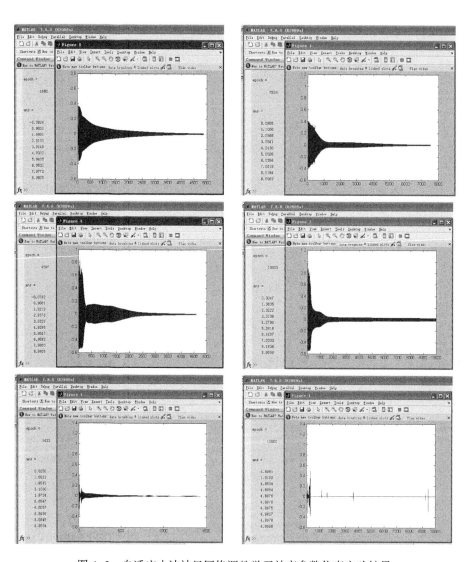

图 4-2　自适应小波神经网络调整学习效率参数仿真实验结果

（3）实验数据描述。训练样本为 $xt(\cdot\cdot)$ ，待测样本为 $x(\cdot\cdot)$ ，神经网络的连接权值矩阵为 $W_{ij}(\cdot\cdot)$ ， $W_{jk}(\cdot\cdot)$ 和小波基函数尺度变换变量矩阵为 $a(\cdot)$ ， $b(\cdot)$ 。

（4）关键参数设定。设定自适应小波神经网络训练次数的最大值 epoch = 10 000；设定自适应小波神经网络训练的最小期望误差 err_ goal = 0.000 1；设定自适应小波神经网络训练的学习速率参数 lr = 0.1。

相应的 Matlab 初始化程序为：

max_ epoch=10 000；　%%%===设定训练次数的最大值 ===%%%

err_ goal=0.000 1；　%%%===设定期望的误差最小值 ===%%%

lr=0.1；　　　　　　%%%===设定修正权值的学习速率0.01-0.7 ===%%%

Matlab 的计算机仿真结果如图 4-3 所示，其中，epoch 表示本次训练次数结束时的实际训练次数，ans 表示训练完成后，待测样本通过神经网络前向计算得到的输出。

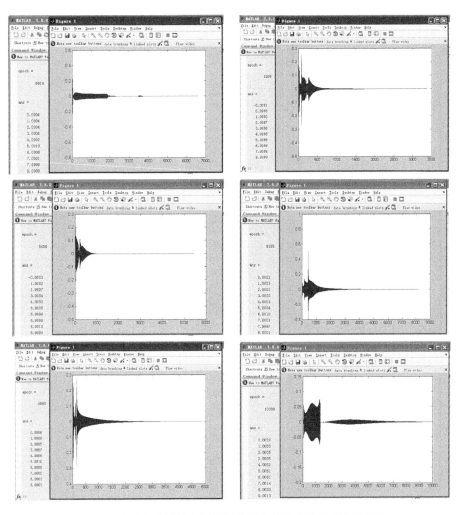

图 4-3　自适应小波神经网络调整误差精度参数仿真实验结果

55

通过反复10次训练，得到历次实际发生的训练次数 epoch 值，除去最高值和最低值后计算出平均值，分别填入表4-4。

表4-4 自适应小波神经网络调整误差精度参数仿真实验结果

实验序号	1	2	3	4	5	6	7	8	9	10	均值
训练次数	6 614	3 395	5 456	8 195	4 865	10 000	3 237	530	7 593	2 798	5 269

本实验至此完成。

4.2.4 BP 神经网络算法的可行性实验

（1）实验目的。研究 BP 神经网络算法是否收敛，即该算法是否可以完成对样本数据的训练。

（2）实验特征。采用 BP 神经网络算法。

（3）实验数据描述。训练样本为 $xt(\cdot\cdot)$，待测样本为 $x(\cdot\cdot)$，神经网络的连接权值矩阵为 $W_{ij}(\cdot\cdot)$，$W_{jk}(\cdot\cdot)$。

（4）关键参数设定。设定 BP 神经网络训练次数的最大值 epoch = 10 000；设定 BP 神经网络训练的最小期望误差 err_ goal = 0.01；设定 BP 神经网络训练的学习速率参数 lr = 0.1。

相应的 Matlab 初始化程序为：

epoch = 10 000；   %%% = = = 设定训练次数的最大值 = = =%%%

err_ goal = 0.01；%%% = = = 设定期望的误差最小值 = = =%%%

lr = 0.1；   %%% = = = 设定修正权值的学习速率0.01-0.7 = = =%%%

Matlab 的计算机仿真结果如图4-4所示，其中，epoch 表示本次训练次数结束时的实际训练次数，ans 表示训练完成后，待测样本通过神经网络前向计算得到的输出。

通过反复10次训练，得到历次实际发生的训练次数 epoch 值，除去最高值和最低值后计算出平均值，分别填入表4-5。

表4-5 BP 神经网络可行性仿真实验结果

实验序号	1	2	3	4	5	6	7	8	9	10	均值
训练次数	1 880	2 348	4 293	4 277	2 207	3 123	3 584	2 659	4 396	101	3 046

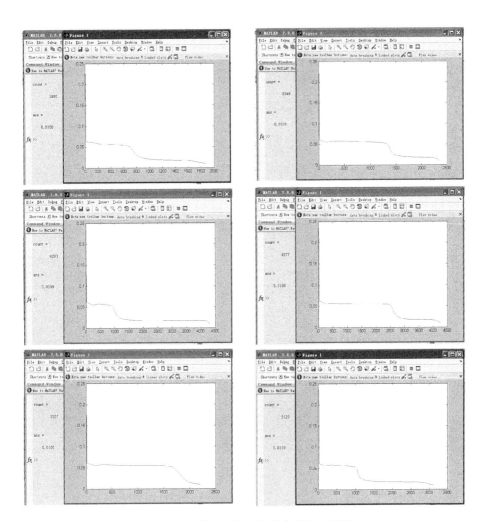

图 4-4　BP 神经网络可行性仿真实验结果

本实验至此完成。

4.2.5　BP 神经网络算法的变学习效率实验

（1）实验目的。研究误差精度参数对 BP 神经网络训练结果的影响。

（2）实验特征。采用 BP 神经网络算法，将学习效率参数由 lr=0.1 改为 lr=0.3。

（3）实验数据描述。训练样本为 $xt(··)$，待测样本为 $x(··)$，神经网络的连接权值矩阵为 $W_{ij}(··)$，$W_{jk}(··)$。

（4）关键参数设定。设定 BP 神经网络训练次数的最大值 epoch = 10 000；设定 BP 神经网络训练的最小期望误差 err_ goal=0.01；设定 BP 神经网络训练的学习速率参数 lr=0.3。

相应的 Matlab 初始化程序为：

max_ epoch=10 000；　　%%%=== 设定训练次数的最大值 ===%%%

err_ goal=0.01；　　　　 %%%=== 设定期望的误差最小值 ===%%%

lr=0.3；　　　　　　　　%%%=== 设定修正权值的学习速率0.01-0.7 ===%%%

Matlab 的计算机仿真结果如图 4-5 所示，其中，epoch 表示本次训练次数结束时的实际训练次数，ans 表示训练完成后，待测样本通过神经网络前向计算得到的输出。

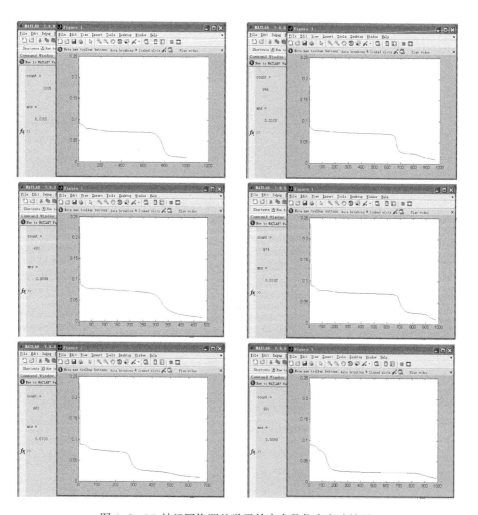

图 4-5　BP 神经网络调整学习效率参数仿真实验结果

通过反复 10 次训练，得到历次实际发生的训练次数 epoch 值，除去最高值和最低值后计算出平均值，分别填入表 4-6。

表 4-6　BP 神经网络调整学习效率参数仿真实验结果

实验序号	1	2	3	4	5	6	7	8	9	10	均值
训练次数	1 005	964	481	978	662	991	1 219	521	2 396	101	853

本实验至此完成。

4.2.6　BP 神经网络算法的变误差精度实验

（1）实验目的。研究误差精度参数对 BP 神经网络训练结果的影响，同时实验算法是否会陷入局部极小点。

（2）实验特征。采用 BP 神经网络算法，将误差精度参数由 err_ goal = 0.01 改为 err_ goal = 0.000 1。

（3）实验数据描述。训练样本为 $xt(\cdot\cdot)$，待测样本为 $x(\cdot\cdot)$，神经网络的连接权值矩阵为 $W_{ij}(\cdot\cdot)$，$W_{jk}(\cdot\cdot)$。

（4）关键参数设定。设定 BP 神经网络训练次数的最大值 epoch = 10 000；设定 BP 神经网络训练的最小期望误差 err_ goal = 0.000 1；设定 BP 神经网络训练的学习速率参数 lr = 0.1。

相应的 Matlab 初始化程序为：

```
max_ epoch = 10 000;    %%% = = = 设定训练次数的最大值 = = =%%%
err_ goal = 0.000 1;    %%% = = = 设定期望的误差最小值 = = =%%%
lr = 0.1;               %%% = = = 设定修正权值的学习速率0.01-0.7 = = =%%%
```

Matlab 的计算机仿真结果如图 4-6 所示，其中，epoch 表示本次训练次数结束时的实际训练次数，ans 表示训练完成后，待测样本通过神经网络前向计算得到的输出。

通过反复 10 次训练，得到历次实际发生的训练次数 epoch 值，除去最高值和最低值后计算出平均值，分别填入表 4-7。

表 4-7　BP 神经网络调整误差精度参数仿真实验结果

实验序号	1	2	3	4	5	6	7	8	9	10	均值
训练次数	10 000	10 000	10 000	10 000	10 000	9 665	10 000	10 000	10 000	10 000	10 000

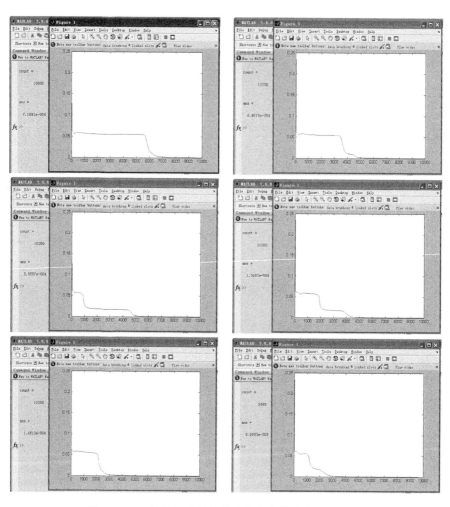

图 4-6　BP 神经网络调整误差精度参数仿真实验结果

本实验至此完成。

4.3　计算机仿真实验的结论

4.3.1　自适应小波神经网络计算机仿真实验的结论

4.3.1.1　关于收敛性的讨论

从实验 1 至实验 3 的实验结果可以看出：在大多数情况下自适应小波神经网络实际训练次数小于最大训练次数，说明自适应小波神经网络可以在指定的训练次数范围内收敛；三个实验的误差曲线均呈上下波动的形状，而不是单调递减的形状，说明自适应小波神经网络在计算过程中不会落入局部极小点。因此可以得出以下结论。

实验结论1：自适应小波神经网络算法收敛，即该算法可以完成对样本数据的训练。

实验结论2：自适应小波神经网络算法不会陷入局部极小点。

4.3.1.2　关于学习效率参数的讨论

实验1的学习效率参数是0.1，平均实际训练次数为1 264次；实验2的学习效率参数是0.3，平均实际训练次数为5 255次。对比实验结果可以看出：学习效率提高，训练次数会随之增加。该现象可以得出以下结论。

实验结论3：自适应小波神经网络算法实际训练次数和学习效率参数有关，实验结果表明学习效率参数增加，训练次数会随之增加，因此自适应小波神经网络学习效率参数设置不宜过大。

4.3.1.3　关于误差精度参数的讨论

实验1的误差精度参数是0.01，平均实际训练次数为1 264次；实验3的误差精度参数是0.000 1，平均实际训练次数为5 269次。对比实验结果可以看出：误差精度提高，训练次数会随之增加。该现象可以得出以下结论。

实验结论4：自适应小波神经网络算法实际训练次数与误差精度参数有关，实验结果表明误差精度参数增加，训练次数会随之增加。

4.3.2　BP 神经网络计算机仿真实验的结论

4.3.2.1　关于收敛性的讨论

从实验4至实验6的实验结果可以看出：在绝大多数情况下 BP 神经网络实际训练次数小于最大训练次数，说明 BP 神经网络可以在指定的训练次数范围内很好的收敛；三个实验的误差曲线均呈单调递减的趋势，说明 BP 神经网络在计算过程中有可能落入局部极小点。因此可以得出以下结论。

实验结论5：BP 神经网络算法收敛，即该算法可以完成对样本数据的分类功能。

实验结论6：BP 神经网络算法有可能陷入局部极小点。

4.3.2.2　关于学习效率参数的讨论

实验4的学习效率参数是0.1，平均实际训练次数为3 046次；实验5的学习效率参数是 0.3，平均实际训练次数为 853 次。对比实验结果可以看出：学习效率提高，训练次数会随之减少。该现象可以得出以下结论。

实验结论 7：BP 神经网络算法实际训练次数和学习效率参数有关，实验结果表明学习效率参数增加，训练次数会随之减少，因此可以通过适当调整学习效率的方法减少训练次数。

4.3.2.3 关于误差精度参数的讨论

实验 4 的误差精度参数是 0.01，平均实际训练次数为 3 046 次；实验 3 的误差精度参数是 0.000 1，平均实际训练次数为 10 000 次（即在最大训练次数的限制下没有完成训练）。对比实验结果可以看出：误差精度提高，训练次数会随之增加，当精度达到一定数值时，神经网络无法完成训练，分析过程数据发现此时算法陷入了局部极小点。该现象可以得出以下结论。

实验结论 8：BP 神经网络算法实际训练次数和误差精度参数有关，实验结果表明误差精度参数增加，训练次数会随之增加。

修改实验结论 6 为实验结论 9。

实验结论 9：BP 神经网络算法会陷入局部极小点。

4.3.3 对两种神经网络计算机仿真实验结果的对比

4.3.3.1 收敛性对比讨论

根据上述两类神经网络收敛性讨论，可以得出以下结论。

实验结论 10：两类神经网络算法均收敛。BP 神经网络在收敛过程中误差曲线呈单调下降趋势，而自适应小波神经网络的收敛过程则不同，其误差曲线呈上下波动的形状。

4.3.3.2 学习效率参数讨论

通过实验 1、实验 3、实验 4、实验 6 的对比分析，可以得出以下结论。

实验结论 11：在学习效率较低的情况下，自适应小波神经网络训练次数少于 BP 神经网络训练次数；在学习效率较高的情况下，BP 神经网络训练次数少于自适应小波神经网络训练次数。

4.3.3.3 误差精度参数讨论

通过实验 1、实验 3、实验 4、实验 6 的对比分析，可以得出以下结论。

实验结论 12：自适应小波神经网络算法克服了 BP 神经网络算法会陷入局部极小点的问题，也因此训练精度会更高。

4.4　本章小结

本章首先对 Matlab 计算机仿真工具的三种仿真方法进行了对比，选择了适合本书研究的自适应小波神经网络算法的仿真方法。通过可行性验证实验、调整关键参数实验和与类似算法的对比实验，分别得出自适应小波神经网络、BP 神经网络的收敛性特点、关键参数对训练结果的影响情况和两种算法的性能差异等结论。

5 智能视觉系统设计与实现

本章针对课题背景中提出的对智能监控系统的实际需求，提出了智能监控系统的解决方案，并对该系统进行了硬件、软件和算法的设计。通过移动目标入侵监控区域的实验，从实际运行过程中验证了系统的功能，得出了算法和系统的性能指标。

5.1 智能视频监控系统的功能设计

为了解决课题背景中提出的实际生活对智能视频监控系统的需求，本书设计的智能视频监控系统，主要具有两种功能。

（1）入侵异常检测报警。在对指定区域进行监控时，可以对闯入该监控区域的物体进行发现、分割、处理和分析，对特定的异常情况采取对应的方式进行处理。该功能主要应用于不应有人或物体进入的区域实行无人值守监控，例如：下班后银行对营业大厅的智能监控、白天上班后对无人家居的智能监控等。如图5-1（a）所示。

（2）对于指定对象的异常检测报警。在对指定对象所在的确定区域实施监控

(a)   (b)

图5-1　两类智能视频监控应用的实例

时，可以对造成该对象发生变化的情况进行发现和识别处理，并对特定的异常情况采取指定的方式进行处理。该功能主要应用于对监控区域不应发生的变化进行无人值守监控，例如：博物馆对重要文物的智能守护、仓库对货物变化（搬移、火灾等）的智能发现和判断报警等。如图 5-1（b）所示。

5.2　智能视频监控系统的系统设计

本书设计的智能视频监控系统实验描述如下：在一个房间内布置本智能视频监控系统，将写有 0~9 的纸板移入该房间。实验目标是：对移入的纸板进行发现、分割和跟踪，并对跟踪区域的内容进行处理和识别，准确分析出移入纸板上标写的内容信息。本实验中的待识别对象与本书理论研究部分和计算机仿真实验部分的研究对象一致。

本书针对上述智能视频监控系统的实验目标进行系统设计。该系统分为三个模块——采集执行装置、中央服务器和远程用户终端，如图 5-2 所示。

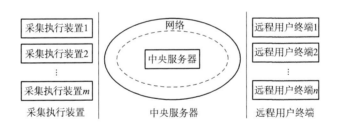

图 5-2　智能视频监控系统模块结构图

在实际应用中，每个模块的部署地点不同，使用该模块的用户也不同，三个模块的特点描述如表 5-1 所示。

表 5-1　系统模块描述

模块名称	装置描述	对象	功能
采集执行装置	带有视频输入、传感器输入和控制量输出的装置	被监控对象	模拟量（包括视频以及传感器采集的温度信息等）采集、控制量输出
中央服务器	服务器或计算机等	系统管理员	对采集结果进行处理、分析、记录、报警和系统信息互发
远程用户终端	计算机或手机等	监控用户	远程监视、控制

65

采集执行装置是本系统与被监护场所信息交互、动作执行的设备。采集执行装置通过摄像头采集待监控区域的视频信息，通过传感器采集待监控地点的温度、湿度等数据，通过调压器、继电器等装置对监控场所的用电设备进行控制。在设计系统时，希望对各类采集执行装置的调用和操作使用相同的通信机制，采用相似的接口。

中央服务器是整个系统的中枢，中央服务器将采集的视频信息进行视频处理、智能分析；将采集的模拟信号进行处理分析，计算出对应的结果，选择对应的操作，例如，发现异常情况时，向远程用户终端主动发出预警信息。中央服务器的数据库中记录了所有的用户信息、资源（包括采集、执行装置）信息和其他信息，提供远程调用服务。中央服务器提供的远程调用服务，使远程用户终端可以通过登录中央服务器，实现对采集执行装置的调用。

远程用户终端是系统的使用者，可以接收终端服务器发送的各类信息（如预警信息），并向中央服务器回复信息，使中央服务器向采集执行装置发送各种相应的操作命令。用户也可以通过浏览器登录系统，实现对信息的管理和对采集执行装置的调用。

根据具体应用的不同，上述三个模块采用的具体设备会有一定的区别，以下列出采用上述系统设计方案的两个应用实例。

（1）在可移动场所和临时场所中应用的智能视频监控。

在可移动场所和临时场所中的应用主要有以下两种情况。

第一，是信息采集的场所是移动场所。采集执行装置需要安装在可移动的场所中，例如，对行驶中的公交车和出租车内的情况进行监控；第二，是信息采集的场所是临时场所。需要进行视频监控的场所不便于布线或不值得布线，例如，临时搭建的具有多个分会场的户外展会、露天音乐会等。此类情况的解决方案如图5-3所示，其特点是：采集执行装置和中央服务器之间不方便或无法通过布线的方式进行连接。通信采用无线通信的方式实现，无线网络可以是3G或Wi-Fi等网络。

（2）在临时区域中应用的智能视频监控。

在固定场所中应用的智能视频监控更为传统和普遍，这类应用场所的位置固定不变而且具备布线的条件。由于该监控系统长期使用，故采用通过布线方式将采集执行装置连接到中央服务器的方法，使监控系统更加稳定。这类监控系统可以应用于博物馆、仓库、智能家居等场所。

此类情况的解决方案如图5-4所示，其特点是：采集执行装置的位置固定不变且长期使用，通过有线的方式与中央服务器连接。

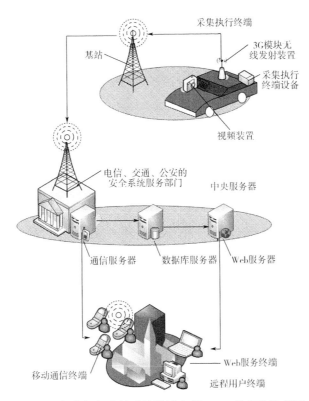

图 5-3 智能视频监控系统设计实例 1——移动监控应用

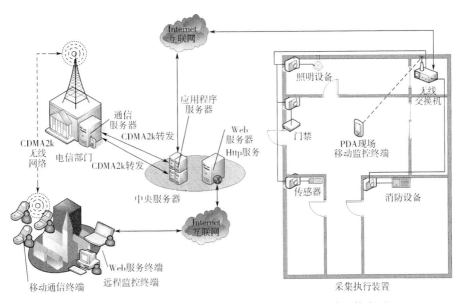

图 5-4 智能视频监控系统设计实例 2——临时区域监控应用

5.3 智能视频监控系统的硬件设计

按照系统设计方案，本书设计的智能视频监控系统的硬件设计方案如图 5-5 所示。该图描述了本系统涉及的各类硬件设备、设备之间的接口连接关系以及各类设备上的软件部署情况。

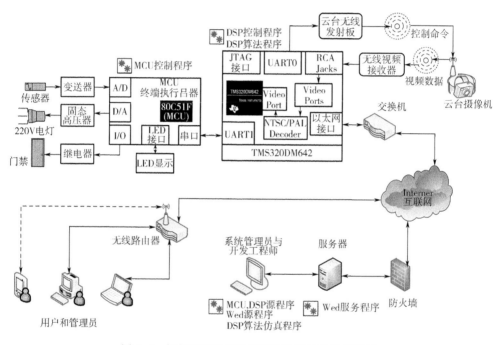

图 5-5　智能视频监控系统硬件连接关系及部署图

5.3.1 智能监控视频的工作过程

以用户试图调用系统中的摄像机得到智能监控视频的操作为例，描述各硬件之间的连接、调用关系和整个工作过程。

5.3.1.1　采集执行装置上电工作，连接中央服务器

采集执行装置部署到系统中以后，通过网络交换设备连接到系统网络中。采集执行装置上电工作后，首先根据中央服务器的静态 IP 地址向中央服务器发送连接请求，将本装置的信息（如 IP 地址、设备信息等）发送到中央服务器。中央

服务器将上述信息保存在数据库中，并向采集执行装置发送部署成功报文。

5.3.1.2 远程用户终端登录，连接中央服务器

远程用户终端（用户和管理员）通过中央服务器提供的 Web 服务，登录中央服务器。远程用户终端可以进行各种对资源的管理操作，例如，管理员向服务器添加一个新的采集执行装置的信息等。

5.3.1.3 远程用户终端连接采集执行装置

远程用户终端向中央服务器发送调用采集执行装置的请求，中央服务器查询该采集执行装置当前的工作状态，如果该采集执行装置当前处于空闲状态，便返回给远程用户终端该采集执行装置的信息（如 IP 地址、设备信息等）。随后远程用户终端根据该采集执行装置的信息（通常情况下是根据 IP 地址）直接建立与采集执行装置的连接。

5.3.2 视频监控的工作过程

以智能视频监控系统在视频监控过程中对异常情况的发现和报警的操作为例，描述各硬件之间的连接、调用关系和整个工作过程。

5.3.2.1 采集执行装置向中央服务器传递实时视频信息

摄像设备的输出与采集执行装置的视频输入端相连接，将采集的视频信号传递给采集执行装置。采集执行装置将视频信号的当前帧图像存在内存中。中央服务器通过采集执行装置提供的 Http 服务，源源不断地读取当前帧图像，并存储在本地等待处理。

5.3.2.2 中央服务器对视频进行处理、分析并向远程用户终端报警

中央服务器对从采集执行装置传来的视频信息进行预处理、背景更新、运动目标检测、图像分割、图像二值化、图像归一化、特征提取、模式识别处理，得出当前视频图像的分类信息。如果该分类信息与异常时的分类信息相符并保持了一段时间，则中央服务器向远程用户终端发送报警信息。

5.3.2.3 远程用户终端接受报警信息并向中央服务器索取异常视频信息

远程用户终端接受中央服务器发送的报警信息后，可以通过向中央服务器发送命令，获取异常视频或图像，也可以向中央服务器发送对采集执行装置进行相应操作的命令信息。

5.3.2.4 中央服务器向采集执行装置发送执行操作的命令信息

远程用户终端向中央服务器发送对采集执行装置进行操作的命令信息后，中

央服务器将向采集执行装置发送相应命令。采集执行装置收到命令后，执行相应的操作，例如，控制电源开关、调节电压强度等。

5.4 智能视频监控系统的软件设计

5.4.1 智能视频监控系统的软件设计概述

5.4.1.1 硬件与软件设计的关系

智能视频监控系统的软件主要部署在四类硬件设备上，因此，本课题将对以下四类硬件设备进行编程。

（1）对采集执行装置中的执行终端（通常使用 MCU 单片机）编写控制程序，实现对传感器信号的采集并执行来自中央服务器的要求。

（2）对采集执行装置中的采集终端（通常使用 DSP 数字信号处理器）编写视频采集、传输程序，实现将模拟视频信息转换成为数字视频信息，并通过网络协议将其传送给中央服务器。

（3）对中央服务器（通常使用个人计算机或服务器）编写程序，实现对视频采集终端传来的传感器信息、视频信息等进行处理和分析。

（4）对远程用户终端（通常使用个人计算机或手机）编写监控程序：实现用户界面的编制，接受报警信息，通过中央服务器向采集执行装置索取监控结果并向采集执行装置发送各种操作命令。

5.4.1.2 核心算法与软件设计的关系

本课题中涉及的核心算法部署在中央服务器上，这部分是本课题的重点，研究过程可以划分为三个步骤。

一是算法仿真研究阶段：在开发者的计算机上进行算法仿真调试，主要采用 Matlab，VC 等仿真调试工具，通过不断改进算法、调节参数，提高算法的性能和执行效果。

二是算法移植和调试阶段：将仿真调试好的程序移植到 DSP 中，使用 DSP 编程语言对其进行移植，使上述算法在 DSP 上也可以取得相同的效果，但此时程序在 DSP 上的运行速度没有达到最佳。

三是软件和硬件的优化阶段：在 DSP 上进行程序优化，充分发挥 DSP 的特殊硬件优势，使仿真调试好的算法在 DSP 中达到最好的性能。

5.4.2 视频采集传输的程序设计

视频采集程序的过程如图 5-6 所示。

首先将光学设备采集的模拟视频信号通过模拟信号接口传输到视频解码器的输入；接下来视频解码器将模拟信号转换为数字信号，通过 DSP 的数字视频接口存储到内存中。

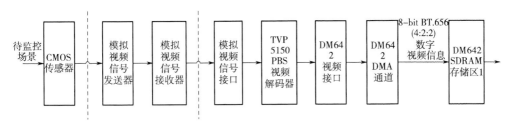

图 5-6 视频采集过程

视频采集后初步变换程序的过程如图 5-7 所示。对上一步中得到的视频数字信息进行格式调整、处理和压缩，得到采集图像的文件存储形式。

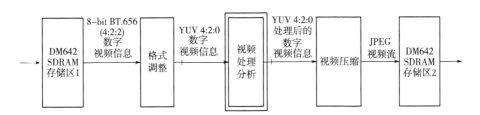

图 5-7 视频变换过程

视频传输程序的过程如图 5-8 所示。对上一步中经过处理得到的视频信息进行封装，并通过建立 Http 服务的方式将视频信息发布。

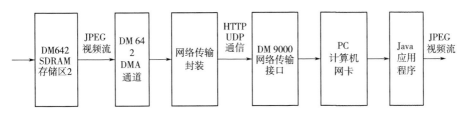

图 5-8 视频传输过程

中央服务器通过采集执行装置 Http 服务中 Html 页面内嵌的 Java 程序接收 DSP 采集的图片，在实施过程中存在两个技术难点：

第一，PC 机上运行的读取 DSP 图像的 Java 程序来自 DSP，因此在 PC 机上运行时，如果该程序希望访问 PC 机上的硬件资源（例如向硬盘上写入数据），就必须取得 PC 机认可的数字证书。

第二，通过 Java 程序存储在 PC 机上的是一系列连续的图片，VC 编写的图像处理、识别算法需要读取这些图片进行处理，因此存在 VC 读取图片和 Java 语言存储图片的同步问题。

这两个技术难点的解决方案如下。

程序的运行方式为：DSP 响应客户端 Applet 小程序的请求不断发送 JPEG 图像。嵌入网页的 Applet 小程序接收并依次显示图像，同时将多帧（10 帧）图像存入本地磁盘，建立 JPEG 图片库（image1. jpg 至 image10. jpg）。本地的 C 语言程序循环读取该图像序列，构成连续视频，并且逐一对图像调用运动目标检测函数。在这一过程中，因为 Java Applet 要实现在本地进行文件的存储，需要通过数字证书进行认证，才能够获得许可。同时，C 语言编写的运动目标检测程序可能与 Applet 程序同时对本地某张图片文件进行操作，所以还需要设计同步机制。具体设计如下。

5.4.2.1　Java Applet 数字证书

由于 Applet 的安全策略中包括不能对本地文件进行读和写的操作，所以 Applet 一般是不能操作本地文件的。Java 应用程序环境的安全策略详细说明，对于不同代码拥有的不同资源的许可，由一个 Policy 对象来表达。如果想要使得 Applet 能操作本地文件，就要改变 Applet 的安全策略：首先创建一个扩展名为 . policy 的安全策略文件，在里面写自定义的安全策略；再修改 jre 中的配置文件 lib \ security \ java. security，引用新建的安全策略文件；然后应用安全策略文件，通过数字签名该 Applet 程序的 jar 文档即可实现策略控制。

Java 的数字签名概念是采用加密技术实现对签名者身份的认证和数据的完整性。即其他用户下载、运行 Java 程序时，将得知这是其他用户签字并修改过的程序。

举例说明具体应用。本系统中视频网页嵌入的 Applet 程序 easyCam. java 需要完成获取远端 DSP 视频，并将连续图像保存在本地硬盘的功能。为实现写文件功能，第一步先翻译源文件成 easyCam. class 文件，将该文件打包成 jar 文件，在控制台输入命令"jar-cvf easyCam. jar ＊. class"。

接下来，在网页中加入 Applet。利用标签<APPLET>，属性 code＝"easyCam. class"，属性 archive＝"easyCam. jar"。

随后，用 keytool 工具生成密钥库，在 DOS 窗口中执行命令"keytool-genkey-keystore mytest. store-alias union"，其中 mytest. store 是密钥库的名称，可随意修改，但后缀名不可修改。union 为别名，也可以随意修改。执行上述命令后，DOS 窗口中会提示用户输入 keystore 的密码、个人姓名、组织单位等信息。输入 y 确认信息，直接回车后设置 union 的主密码和 store 密码一致即可。

然后，使用 keytool 工具导出签名时用到的证书。在 DOS 窗口中执行命令"keytool-export-keystore mytest. store-alias union-file union. cer"。mytest. store 是前面生成的密钥库名，union 是指定的别名，union. cer 是生成的证书名称，后缀名不可随意修改。

然后使用 jarsigner 工具签名 jar 压缩文档。在当前 DOS 窗口中执行命令"jarsigner-keystore mytest. store easyCam. jar union"，mytest. store 是前面生成的密钥库名，union 是指定的别名，easyCam. jar 是前面压缩的 jar 文件。

然后在当前目录下创建访问策略文件 mytest. policy 文件，其内容如下：

keystore "file：c：/test/mytest. store"，"JKS"；

grant signedBy "union"

｛ permission java. io. FilePermission "<<ALL FILES>>"，"read,write,delete"；　｝；

让所有由 union 签名的 Applet 都可以对本地的所有文件进行读、写、删除的操作。

最后修改 $\$\{java. home\}$/jre/lib/security 目录下的 java. security，添加 poli-cy. url. 3＝file：c：/test/mytest. policy，使 policy 文件有效。所有客户端都需要经过这个操作，并接受数字证书后方可实现视频图像的本地保存。

5.4.2.2　本地文件同步机制

为了避免出现 Java Applet 程序与 C 语言程序同时写、读同一个图像文件的问题，本研究设计了同步互斥机制。主要方法如图 5-9 所示，Java 程序先初始两个文本文件 a 和 b，分别存储一个整数型数组。这两个数组的每位代表同一图像文件的状态，初始值都为 1。Java 程序读取 b 文件数组的第 i 位查询 C 程序是否已经完成对第 i 个图像文件的操作，如果值是 1，表示 C 程序已完成读操作，则修改 a 文件数组的第 i 位值为 0，表示准备写操作，C 程序不可读；写完第 i 个图像文件后，再次修改 a 数组的第 i 位值为 1，恢复原状态，即表示完成写操作，C 程序可读。如果 b 文件数组的第 i 位值是 0，指示 C 程序正在读文件，不可进行写操作，则将 a 文件数组的第 i 位置为 2，表示跳过该帧，并找到下一帧可以写的图像进行操作；当 C 程序检测到 a 数组中的第 i 位值为 2 时，说明 Java 没有对第 i 帧图像进行写操作，则也跳过该帧，以免出现图像倒帧。

同理，C 程序读图像文件前，先读取 a 文件，若第 i 位值为 1 指示可读，则先修改 b 文件某一位为 0，读取图像后，再修改 b 文件数组该位为原值 1。若 a 文件第 i 位值为 0 指示不可读，则 C 程序等待，直到 Java 程序完成写操作。由于 C 程序的 I/O 操作速率大于 Java 虚拟机的 I/O 速率，这样操作就可以保证 C 程序在 Java 写入新图像后再读取图像。

采用这样的接口设计，DSP，Java Applet，C 程序之间就可以用文件完成相互的通信。DSP 发送 JPEG 文件，Java Applet 接收 JPG 文件并存储至本地，C 程序调用本地 JPEG 文件。

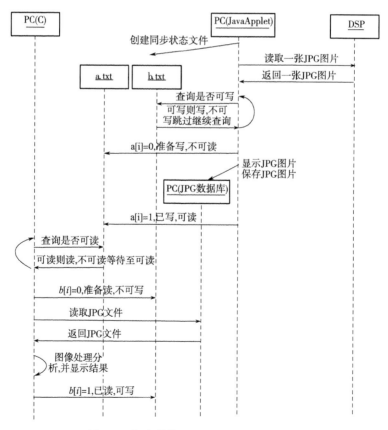

图 5-9　视频传输过程中同步机制的协作

5.4.3 视频分析的算法设计

视频分析的目的有三个：一是得到更优质（清晰、连续、实时、稳定）的视频；二是对视频内容进行分析和加工；三是对监控结果进行分类，并采取相应的措施。

视频分析涉及的算法包括：预处理、背景更新、背景差分、图像分割、标准化、二值化、特征提取和模式识别八个步骤。这一过程如图 5-10 所示。

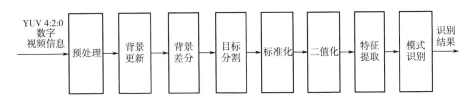

图 5-10　视频分析过程

为了使复杂问题简单化，视频分析过程由简单至复杂可分为三个层次。

5.4.3.1　理想情况下的目标提取

这个层次以整个算法的实现为首要目标。首先假设视频采集装置采集的视频是非常理想的，即摄像机是固定的，背景是静止不变的，背景光源是稳定不变的，采集的视频没有外部光照或遮挡的影响。在这样的假设下，就可以去掉图像预处理、背景更新两个步骤（这两个算法对于上述理想情况下的视频处理没有效果）。由于没有考虑各种干扰，因此背景差分、图像分割步骤相对简单，背景差分得到的结果就是理想的前景图像，通过图像分割算法可以得到理想的前景图像有效区域。在此前提下，就可以得到理想的待测样本，此时模式识别算法的输入是理想的待测样本，分析的结果只与模式识别算法的性能有关。因此，在这个层次上的研究重点和关键在于模式识别算法。

5.4.3.2　背景缓慢变化时的目标提取

在上述理想情况下实现了 8 个步骤视频分析的基础上，可以加入背景光源的瞬时变化和缓慢变化的影响因素。由于背景受上述两种类型光源的影响，就需要通过视频图像（这里指的图像就是视频中的一帧图像）预处理和背景更新算法来克服。因此，在这个层次上的研究重点和关键在于图像预处理、背景更新、背景差分、图像分割算法。图 5-11 为不稳定光源和滤波算法对图像差分结果的影响，其中图 5-11（a）为背景光源突然变亮时的原始图像，图 5-11（b）为背景差分图像，图 5-11（c）为经过时间滤波后的差分图像，图 5-11（d）为经过空间滤波后的差分图像。

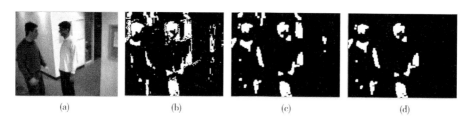

图 5-11   不稳定光源和滤波算法对图像差分结果的影响

5.4.3.3   多目标情况下的目标提取

在实现上述两个层次的基础上，可以考虑更加复杂的情况，例如，多目标同时出现在监控区域中、监控区域存在阴影等问题。在这个层次的研究重点和关键仍然在于图像预处理、背景更新、背景差分、图像分割算法，需要解决多目标分别分割和阴影消除的问题。图 5-12（a）为前景中存在两个目标时，单目标分割算法对图像分割的结果。图 5-12（b）为多目标分割算法对图像分割的结果。由于入侵目标本身的颜色可能与背景很接近，此时背景差分的结果区域不连续，因此多目标分割的结果会导致的问题是将一个入侵目标分割为多个区域。当多个目标侵入时，识别算法应对每个分割区域分别进行分析。本书为将问题简化，采取了两个基本假设：一是认为两个边界距离很小的分割区域可以合并为同一个区域，从而解决单个入侵目标被分割为多个区域的问题；二是当出现多个分割区域时，认为面积最大的区域为主要异常区域，算法只对多个分割区域中面积最大的区域进行分析和识别。

图 5-12   多目标侵入时的背景差分图像

由于时间和精力的限制，本课题将重点放在第 1 个层次的研究上，以实现整个视频分析过程为首要目标，并对理想情况下视频分析的最后一个步骤——模式识别算法进行一定的研究和改进。

在详细描述视频分析算法前，首先做如下定义：

（1）视频图像——视频中的每一帧都是一幅图像，用 $P(t, x, y)$ 表示视频中第 t 帧图像，当变量 t，x，y 分别赋予具体值时，$P(t, x, y)$ 表示视频中第 t 帧图像位于 (x, y) 坐标点的像素信息。

（2）当前视频图像——硬件系统采集的最新一帧视频图像，用 $P(i, x, y)$ 表示。

（3）背景图像——背景图像是衬托主体事物（前景）的景物，是除前景之外的所有区域的图像，一般位于成像系统焦距之外，在摄像机镜头、外部光源不变的情况下，背景图像通常是固定的，用 $P(0, x, y)$ 表示。

（4）前景图像——前景图像是当前视频图像中背景之外的图像，是视频序列中的主体，通常是运动的，用 $P_F(i, x, y)$ 表示。

（5）差分图像——当前视频图像与背景图像的差，用 $D(i, x, y)$ 表示。

（6）分割区域——程序或人工在当前视频图像中确定的一个区域，用左上角和右下角的坐标 (x_1, y_1) (x_2, y_2) 表示，在当前视频图像中分割区域图像用 $P_L(i, x_1, y_1, x_2, y_2, x, y)$ 表示，在差分图像中分割区域图像用 $P_{LD}(i, x_1, y_1, x_2, y_2, x, y)$ 表示。

（7）分割区域图像——分割区域在当前视频图像中截取区域的图像，也就是上述的 $P_L(i, x_1, y_1, x_2, y_2, x, y)$。

5.5 视频分析算法的实现

5.5.1 视频图像预处理

图像预处理主要通过滤波的方法，削弱第 i 帧视频图像与第 i 帧以前的视频图像的突变情况，避免由于突变的闪烁光源等原因导致的第 i 帧与之前视频图像产生的静态背景差别。在实际系统运行的过程中，由于光源的不稳定，经常会导致下述背景差分算法的误判，很多没有移动物体出现的位置都会因为光的变化被误认为是图像发生了变化。

5.5.2　背景更新

对于突变的光源可以通过上述滤波的方法加以解决，对于缓慢变化的情况，则必须通过背景更新机制加以解决。例如，在对房间内情况的监控中，由于时间的推移，光线会从房间的一侧移动到另一侧，此时虽然房间内的物品和位置并未发生变化，但旧的背景和新的背景之间光照的分布已经发生了变化，因此对于长时间持续的智能监控，必须采用背景更新算法。

通过帧间差分法计算，对视频图像序列中运动的前景区域和静止的背景区域进行判定和划分，使用静止的背景区域更新背景差分算法中的背景图像，从而保证背景差分算法不会因为外部光源缓慢地变化而导致计算结果不准确。

5.5.3　背景差分

为了检测出当前图像中是否闯入了新的物体，可以通过当前图像和背景图像逐像素做差的方法，当前图像和背景图像一致的部分做差后为零（显示为黑色），当前图像和背景图像不一致的部分做差后结果不为零（显示为灰色，经过二值化计算后显示为白色）。将上述步骤处理后的当前图像与更新后的背景图像按照式（5-1）进行差运算，得到差图像，可以认为差图像即为原背景中没有的或是变化的部分。图5-13表示了上述过程。

$$D(i, x, y) = \begin{cases} 1 & \text{如果 } |P(i, x, y) - P(0, x, y)| > \tau \\ 0 & \text{如果 } |P(i, x, y) - P(0, x, y)| \leqslant \tau \end{cases} \tag{5-1}$$

图5-13（a）为有人或物闯入监控区域时的图像，图5-13（b）表示当前图像经过灰度化处理后的图像，图5-13（c）表示没有人进入时背景经过灰度化处理后的图像，图5-13（d）表示将图5-13（b）和图5-13（c）做差之后的结果。可以认为图5-13（d）中非黑色的部分即为闯入的人或物。

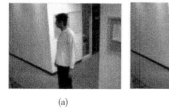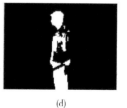

(a)　　　　　　　　(b)　　　　　　　　(c)　　　　　　　　(d)

图5-13　背景差分过程示例

5.5.4 图像分割

图像分割有两种情况，分别对应两种应用。

5.5.4.1 入侵检测的应用

入侵检测应用的特点是：前景目标的检测是由程序完成的，分割区域是总在变化的，分割区域 $(x_1, y_1)(x_2, y_2)$ 由 4 次扫描得到，即扫描差分图像像素为"1"的点即为待分割区域的一个边界。即从上到下扫描确定 y_1，从下到上扫描确定 y_2，从左到右扫描确定 x_1，从右到左扫描确定 x_2。图 5-14 表示了分割区域在差分图像中和原始图像中的效果。

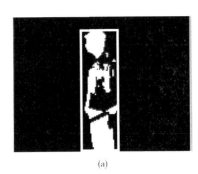

(a)　　　　　　　　　　(b)

图 5-14　图像分割过程示例

上述边界扫描法对图像进行分割的前提是：差分图像必须足够理想，即差分图像中没有干扰点，差分图像中的点对应着大多数当前视频图像中前景图像的点。于是，在差分图像中分割区域内的图像即为 $P_{LD}(i, x_1, y_1, x_2, y_2, x, y)$，在当前视频图像中分割区域内的图像即为 $P_L(i, x_1, y_1, x_2, y_2, x, y)$。

5.5.4.2 固定区域的监控应用

这类应用是对固定区域的视频进行监控，多用在展会和博物馆中对贵重展品进行监护。此时监控区域是固定的，直接由管理员输入监控区域的坐标 $(x_1, y_1)(x_2, y_2)$ 即可，无须进行边界扫描。

5.5.5 分割区域图像二值化

假设分割区域图像的尺寸（分辨率）是 $m \times n$，将 $P_L(i, x_1, y_1, x_2, y_2, x, y)$ 中 $m \times n$ 个像素点进行二值化变换，得到分割区域二值化图像 $P_{L2}(i, x_1,$

y_1，x_2，y_2，x，y）。

图 5-15（b）是对图 5-15（a）图像二值化的效果。

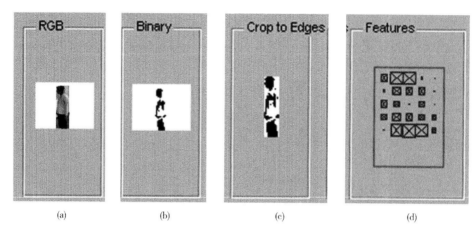

(a)   (b)   (c)   (d)

图 5-15　视频预处理、二值化和特征提取结果示例

5.5.6　分割区域图像归一化

由于分割区域的尺寸是不定的，而模式识别算法的输入是固定的，因此必须根据模式识别算法的输入维数来调整分割区域内的图像尺寸，这个步骤称为归一化。

例如，上述二值化图像 $P_{L2}(i$，x_1，y_1，x_2，y_2，x，$y)$ 的尺寸是 $m \times n$ 的，模式识别前的特征提取算法要求待处理图像的尺寸必须是 $M \times N$ 的，因此需要将尺寸为 $m \times n$ 的二值化图像经过伸缩变换尺寸为 $M \times N$ 的归一化二值化图像 $P_{L2S}(i$，x_1，y_1，x_2，y_2，x，$y)$。

图 5-15（c）是对图 5-15（b）图像归一化的结果。

5.5.7　分割区域图像特征提取

归一化二值化图像 $P_{L2S}(i$，x_1，y_1，x_2，y_2，x，$y)$ 由 $M \times N$ 个像素点构成，$M \times N$ 通常会达到 $10^3 \sim 10^4$ 的数量级。但模式识别算法的输入不可能是如此多个，因此在进行模式识别算法之前首先要进行归一化二值化图像 $P_{L2S}(i$，x_1，y_1，x_2，y_2，x，$y)$ 的特征提取。例如，要将 $M \times N$ 大小的归一化二值化图像 $P_{L2S}(i$，x_1，y_1，x_2，y_2，x，$y)$ 特征提取为 $a \times b$ 个的特征向量 $X(k)$，$k = 1$，2，$\cdots$，$a \times b$。

其中 k 可以表示为 $k=(i-1)\times b+j$，$i=1,2,\cdots,a$；$j=1,2,\cdots,b$，则特征提取公式见式（5-2）。

$$F(i,j)=\frac{Q\{[M\times(i-1)],[N\times(j-1)],[M\times i-1],[N\times j-1]\}}{M\times N},$$

$$(i=1,2,\cdots,a;j=1,2,\cdots,b) \qquad (5-2)$$

图 5-15（d）是对图 5-15（c）图像特征提取的效果。

5.5.8　分割区域图像模式识别

本课题采用的模式识别算法为自适应小波神经网络算法。网络计算通过对训练样本 $xt(\cdot\cdot)$ 的学习，建立了从训练样本输入到训练样本目标值的映射关系。于是，神经网络就可以根据训练得到的权值和小波基尺度变换参数，对待测样本 $x(\cdot)$ 进行前向计算，得到的网络输出即为分类结果。

5.6　智能视频监控系统的联调及展示

5.6.1　系统联调实验

运行智能视频监控系统涉及的全部程序，在 PC 机上弹出系统运行界面，由五个部分组成，如图 5-16 所示。

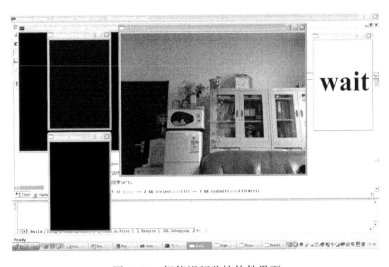

图 5-16　智能视频监控软件界面

（1）控制台窗口。显示软件运行算法的运行状态和待监控区域中分割区域图像的识别计算数值。

（2）监控视频显示窗口（Detection 窗口）。该窗口显示的内容为视频采集装置采集的原始图像，如果有物体移入监控区域，则该窗体将在显示当前视频的基础上，将移入物体区域的边界用红框标出。

（3）分割区域标准化窗口（Segmentation 窗口）。该窗显示经过标准化处理的分割区域图像。

（4）分割区域二值化窗口（Binary Image 窗口）。该窗口显示分割区域标准化图像经过二值化处理的结果。

（5）结果显示窗口（Result 窗口）。该窗口显示分割区域的最终识别结果。

5.6.2　视频采集和传输实验

在程序运行过程中，打开含 Java Applet 的远程视频监控程序网页，可以看到本地的图片库中已经保存了缓冲图片和同步机制文件 a. txt 和 b. txt。两个文件的内容都由 Applet 初始化为 1。运行过程中，C 程序不停地进行读取图片操作，Java 程序循环地写入图片文件，两者分别读、写 a. txt 和 b. txt，这时可以看到同步机制文件的内容发生了变化，说明同步机制在两个程序循环读写文件时起到了作用（见图 5-17）。识别结果窗口根据数字的识别结果读取预存本地的数字图像。循环从本地图片库中读取连续图像进行一系列操作。

图 5-17　图像传输同步过程示例

5.6.3 视频处理和分析实验

在程序运行过程中，如图 5-18 所示，可以看到运动目标被红色方块框出，其在分割和二值化后的处理图像显示在另外两个窗口中。可以看到在监控视频显示窗口中标出了入侵数字的区域，在分割区域标准化窗口中显示了经过标准化处理的异常区域图像分割的结果，在分割区域二值化窗口显示了该区域二值化的结果，在控制台窗口中显示了当前异常图像区域经过软件计算的结果，在结果显示窗口中显示了根据计算结果得出的结论。

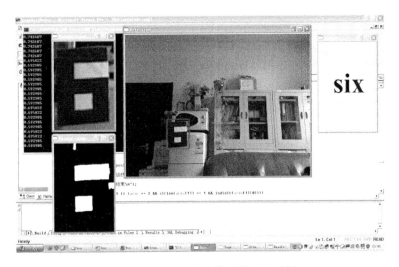

图 5-18　智能视频监控系统运行示例

图 5-19 和图 5-20 分别为该系统在两个不同实验环境下的运行结果。

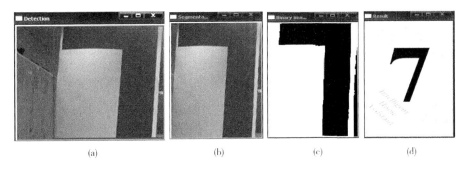

图 5-19　神经网络识别结果

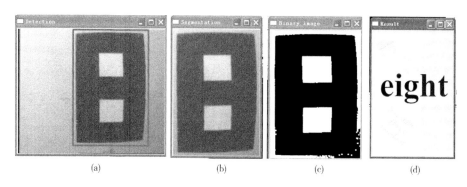

图 5-20　运动目标检测

视频分析过程的关键步骤和细节描述如下。

智能视频监控软件程序运行后，首先根据训练样本对自适应小波神经网络进行训练。训练完成后，程序将源源不断地采集监控区域的视频信息（约每秒钟 25 张图片），背景更新程序根据算法确定背景图像，如图 5-16 所示。

随后通过背景差分算法将当前视频图像和背景图像作差，得到差分图像，对差分图像进行滤波，过滤掉由于光源不稳定而导致的背景部分微变造成的差分图像存在于背景处的现象。再对滤波后的图像进行图像分割，将分割出来的图像通过图像伸缩变换为特定的尺寸（210×300 像素）。对入侵目标的发现如图 5-19（a）和图 5-20（a）所示。对入侵目标的图像分割和标准化的结果如图 5-19（b）和图 5-20（b）所示。

对于分割的图像做灰度化和二值化处理，如图 5-19（c）和图 5-20（c）所示。阈值为 150 以上的点都置为白色。然后对该处理结果进行特征值的提取，特征提取的方法为：将分割出的检测目标图像划分为 3×5 的方格，每个方块的大小是 70×60 像素，在每个方块内统计白色像素的个数，从而计算出每个方块的白点率，如果白点率超过 50%，则该方块的特征值为 1，否则为 0。这样就得到了 1 行 15 列的特征值向量，用来表示待分析目标的特征。

将这个特征值向量作为已经完成训练的自适应小波神经网络的输入，通过前向计算得出输出层计算结果（值域范围在 -0.05～1 之间），再通过综合层的计算（扩大 10 倍并四舍五入）选择对应的结果表达方式予以呈现，如图 5-19（d）和图 5-20（d）所示。

5.6.4 真实生活场景实验

5.6.4节的实验表明该系统可以实现入侵检测、分割和对入侵物体的发现、跟踪和识别。为了使该实验更具有在智能监控应用中的现实意义，本节选择了生活中常见的四种情况进行实验，即无入侵的情况、监控摄像头被遮挡的情况、人入侵的情况、物入侵的情况。图5-21是四种情况差分结果的特征图像，其中图5-21（a）为无入侵的情况、图5-21（b）为监控摄像头被遮挡的情况、图5-21（c）为人入侵的情况、图5-21（d）为物（本实验选用花瓶或挎包）入侵的情况。

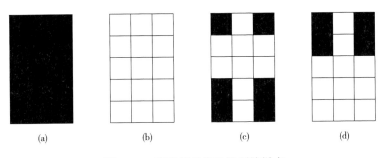

图 5-21　真实场景实验的训练样本

图5-21所示的特征图像对应的训练样本输入分别为：

{1, 1, 1, 1, 1, 1, 1, 1, 1, 1, 1, 1, 1, 1, 1, 1}，{1, 0, 1, 0, 0, 0, 0, 0, 0, 1, 0, 1, 1, 0, 1}，{1, 0, 1, 1, 0, 1, 0, 0, 0, 0, 0, 0, 0, 0, 0}，{0, 0, 0, 0, 0, 0, 0, 0, 0, 0, 0, 0, 0, 0, 0}

本实验中将目标值设为：{0.0, 0.3, 0.6, 0.9}，分别与四组训练样本对应。

在实验中自适应小波神经网络前向计算值 Y 与结果显示图片的对应关系是：

当 $-0.50 < Y < 0.15$ 时，即差分图像接近于图5-21（a）时，结果显示窗体显示"正常"；

当 $0.15 < Y < 0.45$ 时，即差分图像接近于图5-21（b）时，结果显示窗体显示"人"；

当 $0.45 < Y < 0.75$ 时，即差分图像接近于图5-21（c）时，结果显示窗体显示"物"；

当 $0.75 < Y < 1.00$ 时，即差分图像接近于图5-21（d）时，结果显示窗体显

示"?"。

按照上述设计修改程序，运行结果如图 5-22 所示：

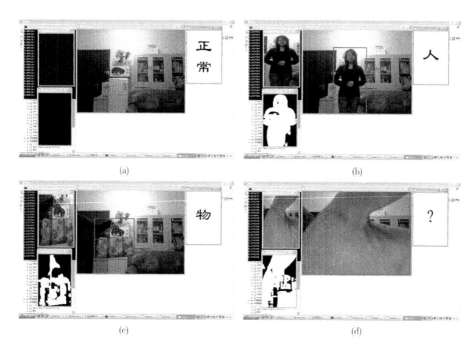

图 5-22　真实生活场景实验结果

图 5-22 表明，在监控摄像头被遮挡、人入侵、物入侵的情况发生时，该系统可以发现入侵目标，将其分割并进行识别。系统运行过程中，各窗体中的视频连贯，从视觉上看不出延迟的现象，可以满足应用的需求（实际应用中每秒钟分析 1 帧即可满足应用要求）。

5.7　本章小结

本章设计并构建了一套基于自适应小波神经网络算法的智能视频监控系统，详细阐述了该系统的系统设计、硬件设计和软件设计，完成了系统联调，实现了对真实生活场景中的入侵情况进行有效的检测和分析，验证了自适应小波神经网络算法能够完成智能视频监控系统提出的需求，即可以对入侵监控区域的移动目标实现入侵检测、异常区域分割和分析识别，处理速度能够满足性能要求。

6 "大智移云"新工科方法与技术的智能家居系统设计与实现

本章设计了"大智移云"智能家居系统,本系统基于国家发明专利"智能家居保姆系统和多网络单点接入集成方法",对该系统和多网络单点接入集成方法进行详细阐述,通过实践验证了本研究讨论的人工智能方法可以在"互联网+"模式下实现,具有广泛的应用价值。

6.1 应用背景

本研究提出的"大智移云"智能家居养老系统,是在传统的管理信息系统搭建完成的基础上,引入物联网技术,将机器人技术通过"互联网""移动互联网""物联网"实现于智能家居领域。从机器人发展状况看,目前服务机器人还没有统一的定义,在我国服务机器人的定义指用于完成对人类福利和设备有用的服务(制造操作除外)的自主或半自主的机器人,主要包括:清洁机器人、家用机器人、娱乐机器人、医用及康复机器人、老年及残疾人护理机器人、办公及后勤服务机器人、救灾机器人、酒店售货及餐厅服务机器人等。

近年来,日本等发达国家机器人技术迅猛发展,有伴舞机器人、机器人播音员、机器人骑手、"味觉"机器人等新型服务机器人,为人们展示了服务机器人广泛的应用和广阔的发展前景。

目前,国内外存在的网络控制设备,往往都是根据具体应用领域选择特定的网络加以设计。而实际生活中的智能家用设备,提出了通过手边就近能找的一切网络及时地实现超远程控制的需求,目前世界上还没有一种对于同一个设备同时能满足互联网、移动互联网、物联网等多种网络统一控制的方法。

本发明的意义在于克服现有机器人的上述缺陷和解决多网络统一控制的需求,提供了一种超前的智能家居养老(Intelligent Home Assistant,IHA)系统和多网络单点接入集成（Muti-net Single Access Integration，MSAI）方法。

6.2 应用价值

（1）将神经网络等人工智能技术应用于"大智移云"智能家居系统，可以实现很多的高级智能功能，例如，对家居进入物体进行监控、分析、预警等，对家中老人的异常行为提早发现，进行紧急预警和帮救。

（2）可以通过现存的任意主流网络（互联网、移动互联网、物联网等），实现超远程控制一个带有视频采集功能的机器人进行行走控制、视频同传、开关电器、电压调节、传感器（温度、空气成分等）采集等功能。

（3）家用电器无须任何改造即可完成智能化控制，只需将家用电器电源从先前接入的 220V 电源插座中拔出，插入智能家居养老执行终端的强电输出端口，将智能家居养老执行终端的强电输入电源线接在上述家用电器先前接入的 220V 电源插座，即可完成家用电器智能化控制改造，实现 0~220 伏无级调压。

6.3 研究技术方案

本研究用途之一是解决老年人在家中不便活动时，对家中电器设备无法控制的问题，例如，实现远程烧水、加热洗澡水、开关空调、开关窗帘等；得知家中温度等信息，得到家中图像声音信息，对突发事件进行紧急处理（强行开断电源、开门、锁门）。本研究以多网络单点接入集成（Muti-net Single Access Integration，MSAI）方法解决以上诸多问题。

为了实现上述目的，本研究采取了如下技术方案，如图 6-1 所示。

包括有中央控制器（1）、机器人终端执行器（2）、远程控制终端（3）和设备终端执行器（4）。其中：中央控制器（1）包括有中央控制器处理器（1.1）、视频数字接口（1.2）、视频解码器（1.3）、视频模拟接口（1.4）、无线摄像头接收器（1.5）、存储接口（1.6）、串口 0（1.7）、以太网接口（1.8）、串口 1（1.9）、串口 2（1.10）、LCD 接口（1.11）、液晶屏（1.12）、无线通信模块（1.13）、调试接口（1.14）、调试工具（1.15）、存储器（1.16）、机器人无线发送模块（1.17）、手机网络 Modem（1.18）和无线路由器（1.19）。

中央控制器处理器（1.1）通过视频模拟接口（1.4）、无线摄像头接收器

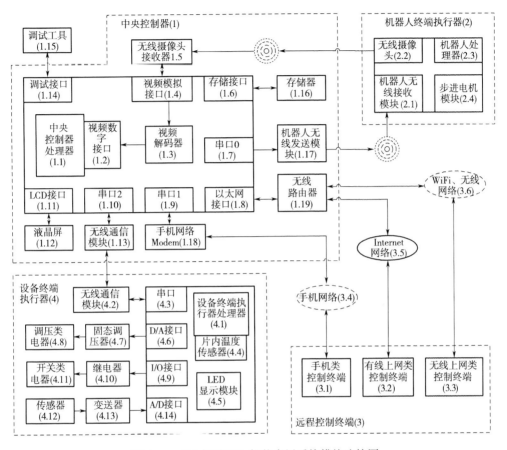

图 6-1 "大智移云"智能家居系统模块连接图

（1.5）与机器人终端执行器中的无线摄像头（2.2）相连，中央控制器（1）中的无线摄像头接收器（1.5）接收由机器人终端执行器（2）发送来的视频无线信号，并将其转化为标准视频模拟信号，接入视频模拟接口（1.4），视频模拟接口（1.4）的另一端与视频解码器（1.3）相连，将模拟信号经过采样、解码由中央控制器处理器（1.1）的视频数字接口（1.2）送入中央控制器处理器（1.1），中央控制器处理器（1.1）对由视频数字接口（1.2）接入的视频数字信号进行处理，将视频中的图像通过存储接口（1.6）存入存储器（1.16）中；中央控制器处理器（1.1）通过数据总线与太网接口（1.8）相连，将处理后的视频数据经过 UDP 网络协议封装，发向无线路由器（1.19），无线路由器（1.19）通过有线、无线网络将上述 UDP 视频数据包发向远程控制终端（3）。

中央控制器处理器（1.1）通过串口0（1.7）与机器人无线发送模块（1.17）相连接，将机器人控制命令发送至机器人终端执行器（2）；中央控制器处理器（1.1）通过串口1（1.9）与手机网络Modem（1.18）相连接，接收来自手机网络的控制命令和向远程控制终端（3）发送处理结果；中央控制器处理器（1.1）通过串口2（1.10）与设备终端执行器（4）中的执行器无线通信模块（4.2）相连接，将终端执行器控制命令发送至设备终端执行器（4），并接收设备终端执行器（4）返回的处理结果。

中央控制器处理器（1.1）通过LCD接口（1.11）与液晶屏（1.12）相连接，将中央控制器处理器（1.1）的工作状态显示在液晶屏（1.12）上，中央控制器处理器（1.1）通过调试端口（1.14）与调试工具（1.15）相连接，通过调试工具（1.15）对中央控制器处理器（1.1）进行调试，从而实现对中央控制器（1）的调试。

所述的机器人终端执行器（2）包括有机器人无线接收模块（2.1）、无线摄像头（2.2）、机器人处理器（2.3）和步进电机模块（2.4）；其中：机器人无线接收模块（2.1）接收来自中央控制器（1）的机器人运动命令，机器人无线接收模块（2.1）的输出与机器人处理器（2.3）的串口连接，机器人处理器（2.3）通过并行数据、地址总线与步进电机模块（2.4）连接，通过接到命令计算出左、右两个轮子步进电机步长对应的脉冲数，送给步进电机模块（2.4）使步进电机转动，从而实现机器人终端执行器（2）的移动；机器人终端执行器（2）顶部安装的无线摄像头（2.2），将采集的视频模拟信号通过无限发射器发送到中央控制器（1）的无线摄像头接收器（1.5）。

所述的远程控制终端（3）包括有手机类控制终端（3.1）、有线上网类控制终端（3.2）、无线上网类控制终端（3.3）；如图6-2所示。

其中，手机类终端控制器（3.1）支持各种网络的手机，通过电信部门的手机网络（3.4）与中央控制器（1）的手机网络Modem相连接进行通信；有线上网类控制终端（3.2）指能够连接到互联网中的设备，通过电信部门的Internet网络（3.5）与中央控制器（1）的无线路由器（1.19）相连接进行通信；无线上网类控制终端（3.3）指能够连接到局域网或互联网中的设备，通过局域网或电信部门的Internet，www，专线各种网络（3.5）与中央控制器（1）的无线路由器（1.19）相连接进行通信。

支持各种手机网络，包括GSM或CDMA或3G网络，和用于手机通信的专用

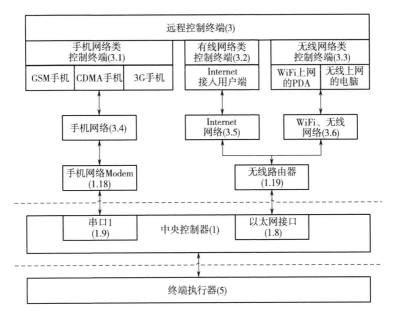

图 6-2　多网络单点接入集成方法统一接入方法框图

网络。能够连接到互联网中的设备是指机顶盒或笔记本电脑或计算机或服务器或智能交换或路由设备。能够连接到局域网或互联网中的设备是 PDA 或带有无线网卡的笔记本电脑、计算机、服务器、智能无线交换或路由设备。

设备终端执行器（4）包括有设备终端执行器处理器（4.1）、无线通信模块（4.2）、串口（4.3）、片内温度传感器（4.4）、LED 显示模块（4.5）、D/A 接口（4.6）、固态调压器（4.7）、调压类电器（4.8）、I/O 接口（4.9）、继电器（4.10）、开关类电器（4.11）、传感器（4.12）、变送器（4.13）和 A/D 接口（4.14）；其中：无线通信模块（4.2）接收来自中央控制器（1）中的无线通信模块（1.13）的控制信号，通过串口（4.3）接入设备终端执行器处理器（4.1），设备终端执行器处理器（4.1）按照接收的命令和对应的程序，打开连接的相应设备，同时相应设备的采集结果经过设备终端执行器处理器（4.1）处理，将结果通过无线通信模块（4.2）发送给中央控制器（1）中的无线通信模块（1.13）；设备终端执行器处理器（4.1）通过并行数据地址总线与 D/A 接口（4.6）相连接，使终端执行器处理器（4.1）数字控制量送入 D/A 接口（4.6）输入端，D/A 接口（4.6）输出弱电电压信号，与固态调压器（4.7）的控制输入端连接,使得固态调压器(4.7)的输出端产生驱动调压类电器工作的强电动力电,固态调压器(4.7)的输出端与调压类电器(4.8)的电源相连接,对调压类电器进行无级调压与供电。

设备终端执行器处理器(4.1)通过独立位控 I/O 接口(4.9)与继电器(4.10)相连接,使设备终端执行器处理器(4.1)数字开关控制量送入继电器(4.10)输入端,继电器(4.10)输出驱动开关类电器工作的开关类强电动力电,继电器(4.10)的输出端与开关类电器(4.11)的电源相连接,实现了对调压类电器的开关控制与供电;接入的传感器(4.12)输出接在变送器(4.13)的输入端上,变送器(4.13)将传感器(4.12)产生的模拟信号转换成标准的传感器电流信号,再转换为标准的传感器电压信号接入设备终端执行器(4)的 A/D 接口(4.14);A/D 接口(4.14)将传感器模拟信号转换为数字信号,通过并行数据地址总线与设备终端执行器处理器(4.1)相连接,实现了对传感器信号的采集。

片内温度传感器(4.4)直接通过片内总线将数字信号直接传给设备终端执行器处理器(4.1),实现对温度信号的采集;设备终端执行器处理器(4.1)通过并行数据地址总线与 LED 显示模块的输入端连接,实现对每次执行结果的显示。

6.4 多网络单点接入集成步骤

多网络单点接入集成方法,是按照以下步骤实现的,如图 6-3 所示。

第 1 步:不同远程控制终端(3)按照自身使用的格式,将命令封装,通过相应的交换设备发向中央控制器(1)。

第 2 步:中央控制器(1)接到上述不同控制终端(3)按其相应格式发送的命令后,按照相应协议解除封装,将命令体留下,记录 ID 特征码,通过语意识别处理,将其按照多网络单点接入集成协议转换、封装成为终端执行器可以识别处理的命令格式。命令体为不同控制终端(3)按其相应格式发送来的命令中,只与命令内容有关的数据部分;而与不同控制终端、交换设备通信时有关封装的包头、包尾信息无关的通信协议部分,不属于命令体。对于手机类控制终端,ID特征码为手机号码和发送时间、地点信息组成的字符串;对于无线上网类控制终端和有线上网类控制终端,ID 特征码为 IP 地址和发送时间、地点信息组成的字符串。所述的多网络单点接入集成协议为用于中央控制器(1)和终端执行器

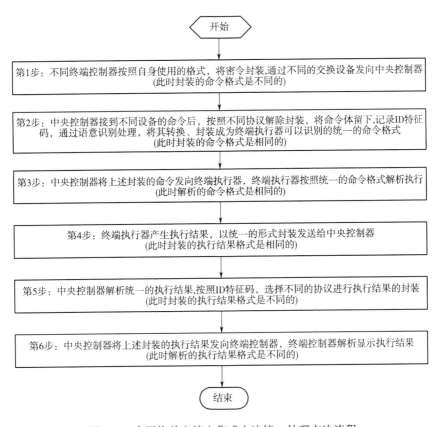

图 6-3 多网络单点接入集成方法统一处理方法流程

（5）之间的通信格式；所述的终端执行器（5）包括机器人终端执行器（2）和控制终端执行器（4）。

第 3 步：中央控制器（1）将上述封装的命令发向终端执行器，终端执行器（5）按照多网络单点接入集成协议解析执行。

第 4 步：终端执行器（5）产生执行结果，按照多网络单点接入集成协议封装发送给中央控制器（1）。

第 5 步：中央控制器（1）按照多网络单点接入集成协议解析的终端执行器（5）发送的执行结果，按照 ID 特征码，选择相应的协议对执行结果进行封装。

第 6 步：中央控制器（1）将上述封装的执行结果发给相应的远程控制终端（3），远程控制终端 3 解析、显示执行结果。

上述方法的计算机实现程序流程图，如图 6-4 所示。

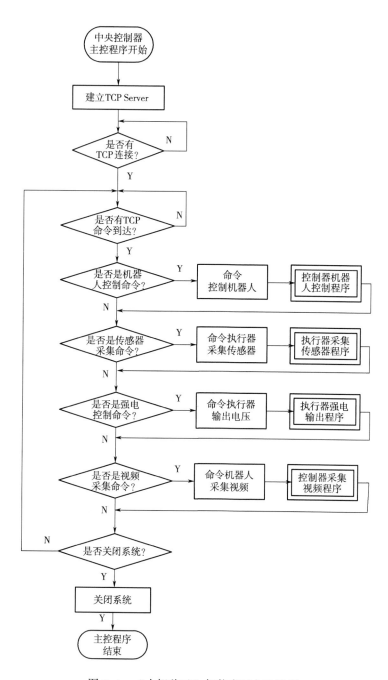

图 6-4 "大智移云"智能家居方法流程

6.5 系统运行步骤

步骤1：系统上电后，读取上一次使用时的工作参数，如果是第一次启动，则使用默认的工作参数，打开所有设备；中央控制器建立 TCP Server 服务器，等待终端设备连接，如果没有设备连接，系统将重复步骤1，如果有 TCP 连接，系统将进入步骤2。

步骤2：当有终端设备通过 TCP 连接系统时，系统将反复查询当前接入设备是否有新的命令到达，如果没有新的控制命令到达，系统将重复步骤2；如果有新的控制命令到达，例如，此时远程的手机或计算机等终端控制器发送电器控制命令或机器人移动命令，中央控制器主程序将根据命令号调用相应的子程序，开起相应的设备执行命令，将执行结果返回远程的手机或计算机等终端控制器显示，执行后进入步骤3。

步骤3：判断当前指令是否是关闭系统指令，如果不是关闭系统指令，清除当前命令，即将当前命令变为旧命令，下次执行步骤2时将不予处理，返回步骤2；如果是关闭系统指令，系统将对当前工作参数加以保存，并逐一关闭左右设备，中央处理器进入低功耗待机状态，进入步骤4。

步骤4：系统判断是否有启动系统的命令到来，如果没有，系统保持关闭，低功耗待机状态，如果有启动系统的命令到来，系统启动，进入步骤1。

6.6 本章小结

本章应用上述人工智能理论，将被验证的视觉分析算法应用到智能家居系统中，实现了基于互联网的智能物联网系统。本系统可以应用于智能家居、智能监控，验证了本研究提出的智能算法的应用价值。

7 "大智移云"与虚拟现实的跨平台 3D 智能交通指挥方法及系统

本章设计了一种基于"大智移云"(大数据、人工智能、移动互联网、云存储与分布式并行计算)与虚拟现实新工科技术的跨平台 3D 智能交通指挥方法和系统,可以应用到城市交通智能调度系统、高速公路智能调度系统和运营车辆调度管理系统等领域。本系统基于国家发明专利"基于大数据和 VR 的跨平台 3D 智能交通指挥方法及系统"。

7.1 背景技术

近年来,随着国内科技水平的快速发展,智能定位系统、图像回传技术和 VR 技术已经发展的较为完善,被人们广泛应用并且具有广泛发展前景。从现在市场上的智能终端设备看,智能定位技术主要应用于运动类手表(如华为智能手表)和儿童防丢手表(如小天才电话手表),可进行准确的 GPS 定位并显示相应地图。图像回传技术广泛应用于智能车载设备,可将实时路况信息进行摄像,同时对经纬度记录,并能够进行实时回传。VR 技术主要应用于 VR 眼镜,可实时接收回传图像,产生 3D 视觉感受,使使用者真正了解实地情况。

将智能定位系统、图像回传技术和 VR 技术相互连接,运用到交通管理系统中可以很大程度地提高交通管理工作的科学化、现代化、信息化水平,缓解警力不足,加强和保障道路交通的安全、有序和畅通,减少道路交通中违法事件的发生。为实现高度整合、集约高效的指挥方案,变粗略调度为精确指挥,才能有效解决拥堵问题和减少交通事故的发生,所以本研究提供了智能交通指挥控制系统。

7.2 研究目的

本研究的目的在于构建一个可视化的基于人工智能大数据和 VR 的跨平台 3D 智能交通指挥方法和系统，提供一种基于智能移动设备、物联网、多极信息传递、大数据检索分析回馈及可视化调度指挥的交通控制解决方案。

本研究设计了一种智能系统——"一种基于'大智移云'和虚拟现实新工科技术的跨平台 3D 智能交通指挥方法和系统"，尝试结合首都机场和北京新机场公安局的实际交通指挥业务，解决交通安全及交通拥堵的问题。例如，某地段为事故高发地段，使用者可通过这套系统，对此路段进行完善和改造。

7.3 研究的优势

研究基于缠带设备的物联网实现实时全局监控，系统具有自动学习功能，能够识别异常现象及时报警，系统基于 VR 系统可以直观地显示和模拟监控场所和险情。

智能交通指挥系统可在事故结束后，对所有信息进行数据分析，统计出事故高发地带和高发地段，为此地段的后续警力配置提供依据。

7.4 研究的技术方案

为了实现上述目的，本系统采取如下技术方案（见图 7-1，图 7-2）。图 7-1 是系统各模块连接关系图，图 7-2 为方法和系统流程图。

7.4.1 "大智移云"与虚拟现实技术的跨平台 3D 智能交通指挥系统

"大智移云"与虚拟现实技术的跨平台 3D 智能交通指挥系统包括：智能终端层（1）、外部数据层（2）、网络安全层（3）、接入服务层（4）、核心数据层（5）和监控指挥层（6）。

7.4.1.1 智能终端层

智能终端层包括：智能穿戴设备（1.1）、智能车载设备（1.2）和辅助智能设备（1.3）。智能终端层经由反向代理服务器（3.1）连接到应用服务器 A

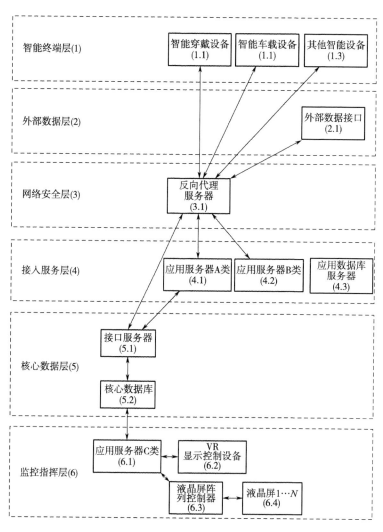

图 7-1　系统模块连接关系

（4.1）、应用服务器 B（4.2）、接口服务器（5.1）；智能穿戴设备（1.1）获取佩戴者的相关数据，并通过网络将数据包装成请求，提交到应用服务器 A 类（4.1）、应用服务器 B 类（4.2）和接口服务器（5.1）上，执行服务器上预设定逻辑，智能终端层（1）获取回调数据，根据回调数据调动相应的传感器执行操作，或将提示指令显示在终端设备的显示屏幕上。

智能穿戴设备（1.1）具有 Android Wear 2.0 系统及以上系统，GPS、加速度传感器、摄像头模块、4G 通信模块和手机网络通信模块；智能车载设备（1.2）

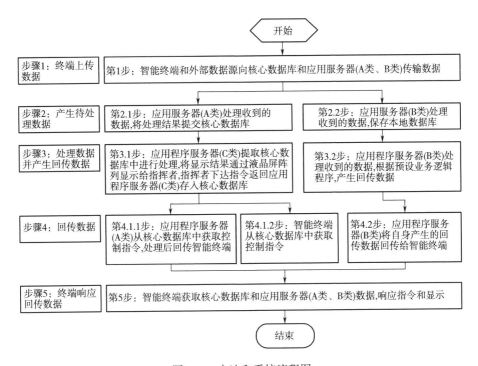

图7-2　方法和系统流程图

具有 Android 6.0/ios11.3 及以上系统，GPS、加速度传感器、摄像头模块、4G 通信模块、手机网络通信模块；辅助智能设备（1.3）具有 Android 6.0 及以上系统、GPS、加速度传感器、摄像头模块、4G 通信模块、手机网络通信模块。

7.4.1.2　外部数据层

外部数据层（2）包括外部数据接口（2.1）。外部数据接口（2.1）通过反向代理服务器（3.1）与应用服务器 A 类（4.1）、应用服务器 B 类（4.2）和接口服务器（5.1）相连，将收集到的数据包装成网络数据提交到应用服务器 A 类（4.1）、应用服务器 B 类（4.2）和核心数据库（5.2）上，应用服务器 A 类（4.1）、应用服务器 B 类（4.2）将接收到的数据显示、处理，在接受指挥指令后，生成返回终端的数据，返回给智能终端层（1）和外部数据层（2）的智能穿戴设备（1.1）、智能车载设备（1.2）、辅助智能设备（1.3）和外部数据接口（2.1），智能穿戴设备（1.1）、智能车载设备（1.2）、辅助智能设备（1.3）和外部数据接口（2.1）根据返回的数据实施显示和操作。

外部数据接口（2.1）所获取的交通数据包括：当地航班信息、各航班的运行状态与经纬度、当地各轻轨列车运行状态及经纬度、当地地面交通运行状态及地面交通车辆经纬度。

7.4.1.3 网络安全层

网络安全层（3）包括反向代理服务器（3.1）。反向代理服务器（3.1）将外部数据传输到内部的应用服务器或接口服务器上，隐藏内部服务器内部地址和端口，降低服务器和数据库被攻击的风险，达到内网安全和负载均衡的效果。

网络安全层（3）中反向代理服务器（3.1）具有 Microsoft Windows Server 2008 及以上系统，asp.net4.0 及以上、sqlserver2014 及以上、iis6.0 及以上，利用 nginx 代理获取和分发请求；其中，具有如下映射关系：访问 a.vip.cueb：80 经由反向代理服务器（3.1）转发至应用服务器 A 类（4.1）；访问 b.vip.cueb：80 经由反向代理服务器（3.1）转发至应用服务器 B 类（4.2）；访问 c.vip.cueb：80 经由反向代理服务器（3.1）转发至接口服务器（5.1）。

7.4.1.4 接入服务层

接入服务层（4）包括应用服务器 A 类（4.1）、应用服务器 B 类（4.2）和应用数据库服务器（4.3）。

应用服务器 A 类（4.1）与应用服务器 B 类（4.2）的区别是，应用服务器 A 类（4.1）将接收到的数据通过接口服务器（5.1）处理后送入核心数据层（5），应用服务器 B 类（4.2）处理数据后不送入核心数据层（5），而是保存在应用数据库服务器（4.3）中；外部数据经反向代理服务器（3.1）将数据传送到应用服务器 A 类（4.1）后进行处理，将处理结果通过核心数据层（5）的接口服务器（5.1）传送到核心数据库（5.2）中。

7.4.1.5 核心数据层

核心数据层（5）包括：接口服务器（5.1）和核心数据库（5.2）。服务接入层（4）访问或读取核心数据层（5）内部的数据，必须通过接口服务器（5.1）；接口服务器（5.1）为核心数据库（5.2）提供数据读写、上传下载通道。

核心数据库（5.2）用于存储系统全部关键保密数据，也用于隔离各智能终端层（1）和外部数据层（2）的数据。

7.4.1.6 监控指挥层

监控指挥层（6）包括：应用服务器 C 类（6.1）、VR 显示控制设备（6.2）、液晶屏阵列控制器（6.3）和液晶屏（6.4），液晶屏（6.4）的数量为 N 个，N 为自然数。

应用服务器 C 类（6.1）通过内网与核心数据库（5.2）交换数据，将结果传入液晶屏阵列控制器（6.3）和 VR 显示控制设备（6.2）中；液晶屏阵列控制器（6.3）为可视化数据显示核心控制器，将获取到的数据处理后绘制图表分发到液晶屏（6.4）上，监控指挥层（6）工作人员的指挥指令通过液晶屏（6.4）的触屏或外界输入设备进行输入，向系统发送控制指令，传给智能终端层（1）和外部数据层（2）；VR 显示控制设备（6.2）为 VR 显示操作模块，将获取的数据处理绘制场景后，将场景投放到 VR 显示设备上，监控指挥层（6）的工作人员指挥指令 VR 输入设备进行输入，向系统发送控制指令，传给智能终端层（1）和外部数据层（2）。

7.4.2 "大智移云"与虚拟现实技术的跨平台 3D 智能交通指挥方法

"大智移云"与虚拟现实技术的跨平台 3D 智能交通指挥方法，是按照以下步骤实现的。

步骤 1：终端数据上传服务器。各智能终端和外部数据源通过网络向应用服务器 A 类（4.1）传输数据后进入步骤 2.1，或向应用服务器 B 类（4.2）传输数据后进入步骤 2.2；该步骤的作用是采集终端数据，发送给各种服务器。

步骤 2：应用服务器接收到数据后进行处理产生待处理数据；步骤 1 的作用是各服务器接收到各终端的数据后进行存储，准备进行数据处理。其中：

步骤 2.1：应用服务器 A 类（4.1）收到递交的数据后进行处理，将处理结果传输给核心数据库（5.2），接口服务器（5.1），转步骤 3.1。

步骤 2.2：应用服务器 B 类（4.2）收到递交的数据后进行处理，将处理结果保存在应用数据库服务器（4.3）的数据库中，转步骤 3.2。

步骤 2.1 与步骤 2.2 的区别［应用服务器 A 类（4.1）与应用服务器 B 类（4.2）的区别］：应用服务器 A 类（4.1）将数据处理后提交到核心数据库，应用服务器 B 类（4.2）将数据处理后保存到本地数据库。

步骤 3：各应用服务器处理数据并产生准备回传各终端的数据，存储在不同层次的存储设备中。其中：

步骤 3.1：应用服务器 C 类（6.1）从核心数据库（5.2）中提取核心数据，分析数据并通过数据可视化、虚拟现实技术将数据加工成显示场景，将显示场景通过显示数据线传送给液晶屏阵列控制器（6.3），液晶屏阵列控制器（6.3）将显示场景和数据分别显示到液晶屏（6.4）上；系统管理员和运营人员通过显示器观察系统运行状态，向系统提交指挥命令传输到应用服务器C类（6.1）；应用服务器C类（6.1）将控制结果写入核心数据库（5.2）中，准备通过接口服务器（5.1）被应用服务器A类（4.1）获取，进入步骤4。

步骤3.2：应用服务器B类（4.2）处理数据，根据预设业务逻辑产生回传数据回传给终端设备，转步骤4.2。

步骤3.1和步骤3.2的区别是：步骤3.1由监控指挥层（6）实施显示和产生控制指令，存储在核心数据库（5.2）中，应用服务器A类（4.1）通过接口服务器（5.1）提取指令回传智能终端层（1）和外部数据层（2）；步骤3.2由应用服务器B类再接入服务层（4）。

步骤4：将存储在各层次存储设备中的回传数据向各终端和外部数据接口进行传输，实现控制命令发送和回传数据的显示。其中：

步骤4.1.1：应用服务器A类（4.1）通过接口服务器（5.1）获取控制指令和回传数据后，将其发送给各智能终端和外部数据接口进入步骤5。

步骤4.1.2：智能终端层（1）各设备通过接口服务器（5）直接获取控制指令和回传数据，转步骤5。

步骤4.2：智能终端通过应用服务器B类（4.2）将控制指令和回传数据获取控制指令发送给各智能终端和外部数据接口进入步骤5。

步骤4.1.1、步骤4.1.2、步骤4.2的区别是：控制指令和返回数据分别由应用服务器A类（4.1）发送、智能终端层（1）各设备主动读取、应用服务器B类（4.2）发送。

步骤5：智能终端层（1）的各终端设备、外部数据层（2）的应用接收到各服务器的回传数据和控制指令，对数据进行显示更新，同时执行控制指令。

7.5 研究的实施方式

研究的实施方式结合图7-1和图7-2详细说明。

7.5.1 智能终端层（1）

本系统选用某品牌LEO-DLXXU型号作为智能穿戴设备，其硬件配置为高通Snapdragon 2100四核处理器，系统内存容量为4GB，机身内存容量为768MB RAM，操作系统为Android Wear 2.0；某品牌LJ-C2型号作为智能车载设备，其硬件配置为 ARM64 位八核 CPU 处理器，设备支持 AUX-OUT 线声音输出设备，运行内存为 2GB，机身内存为 16GB，操作系统为 Android 6.0/ios11.3 系统，预装软件为萝卜控；某品牌 Goblin 小怪兽型号作为其他智能设备，其硬件设备为骁龙 820 处理器 2.2GHZ 四核处理器，内存为 LPDDR4 3GB，闪存为 EMMC5.416GB，支持最大 128G MicroSD 卡扩展，操作系统为 Android 6.0/PICO SDK。

智能穿戴设备（1.1）华为 LEO-DLXXU、智能车载设备（1.2）车萝卜 LJ-C2，其他智能设备（1.3）Pico 牌 Goblin 小怪兽经由反向代理服务器（3.1）连接到应用服务器 A（4.1）System x3 850 X6、应用服务器 B（4.2）System x3 650 M5、接口服务器（5.1）System x3 650 M5，设备获取佩戴者的相关数据，并通过网络将数据包装成请求，提交到应用服务器 A 类（4.1）System x3 850 X6、应用服务器 B 类（4.2）System x3 650 M5 和接口服务器（5.1）System x3 650 M5 上，执行服务器上预设定逻辑，智能终端层（1）获取回调数据，根据回调数据调动相应的传感器执行操作，或将提示指令显示在终端设备的显示屏幕上。

外部数据接口（2.1）通过反向代理服务器（3.1）PowerEdge R730 与应用服务器 A 类（4.1）System x3 850 X6、应用服务器 B 类（4.2）System x3 650 M5 和接口服务器（5.1）System x3 650 M5 相连，将收集到的数据包装成请求通过网络提交到应用服务器 A 类（4.1）System x3 850 X6、应用服务器 B 类（4.2）System x3 650 M5 和核心数据库（5.2）上，上述服务器将接收到的数据显示、处理、接受指挥指令后，生成返回终端的数据，返回给智能终端层（1）和外部数据层（2）的各设备，上述设备根据返回数据实施显示和操作。

7.5.2 网络安全层（3）

本系统中选用某品牌 PowerEdge R730 型号作为反向代理服务器，其硬件配置 CPU 型号为 Xeon E5-2 603 v3，内存类型为 DDR4，内存容量为 8GB，最大内存容量为 768GB，主板芯片组为 Intel C612，硬盘接口类型为 SATA/SAS，硬盘容量为 1.2TB。PowerEdge R730 预装软件为 nginx1.13.10。

反向代理服务器（3.1）PowerEdge R730 将外部数据传输到内部的应用服务器或接口服务器上，隐藏内部服务器内部地址和端口，降低服务器和数据库被攻击的风险，达到内网安全和负载均衡的效果。

7.5.3 接入服务层 (4)

本系统中选用某品牌 System x3 850 X6 型号作为应用服务器 A 类，其硬件配置 CPU 型号为 Xeon E7-4 809 v2，内存类型为 DDR3，内存容量为 32GB，最大内存容量为 1 536GB，硬盘接口类型为 SAS，最大硬盘容量为 8TB，操作系统支持 Windows Server 2008，Red Hat Enterprise Linux，SUSE Enterprise Linux（Server 和 Advanced Server），VMware ESX Server/ESXi 4.0。预装软件为 Windows server 2008，asp. net4. 6，sqlserver 2014，iis8. 0。

选用品牌 System x3 650 M5 型号作为应用服务器 B 类，其硬件配置 CPU 型号为 Xeon E5-2 650，内存类型为 DDR4，内存容量为 16GB，硬盘接口类型为 SAS，操作系统支持 Windows Server 2008 R2 ，Microsoft Windows Server 2012/2012 R2，Red Hat Enterprise Linux 5 Server Edition/Server x64 Edition，SUSE Enterprise Linux Server（SLES）12/12 with XEN，SUSE LINUX Enterprise Server 11 for AMD64/EM64T/11 for x86，Toshiba 4690 Operating System V6，VMware vSphere 5. 1 （ESXi）/5. 5 （ESXi），预装软件为 Windows server 2008，asp. net4. 6，sqlserver 2014，iis8. 0。

选用品牌 System x3 650 M5 型号作为应用数据库服务器，其硬件配置 CPU 型号为 Xeon E5-2 650，内存类型为 DDR4，内存容量为 16GB，硬盘接口类型为 SAS，操作系统支持 Windows Server 2008 R2 ，Microsoft Windows Server 2012/2012 R2，Red Hat Enterprise Linux 5 Server Edition/Server x64 Edition，SUSE Enterprise Linux Server（SLES）12/12 with XEN，SUSE LINUX Enterprise Server 11 for AMD64/EM64T/11 for x86，Toshiba 4690 Operating System V6，VMware vSphere 5. 1 （ESXi）/5. 5 （ESXi），预装软件为 Windows server 2008，asp. net4. 6，sqlserver 2014，iis8. 0。

应用服务器 A 类（4. 1）System x3 850 X6 与应用服务器 B 类（4. 2）System x3 650 M5 的区别是，前者将接收到的数据通过接口服务器（5. 1）System x3 650 M5 处理后送入核心数据层（5），后者处理数据后不送入核心数据层（5），而是保存在应用数据库服务器（4. 3）System x3 650 M5 中；外部数据经反向代理服务器（3. 1）PowerEdge R730 将数据传送到应用服务器 A 类（4. 1）System x3 850 X6 后进行处理，将处理结果通过核心数据层（5）的接口服务器（5. 1）System x3 650 M5 传送到核心数据库（5. 2）中。

7.5.4　核心数据层（5）

本系统中选用某品牌 System x3 650 M5 型号作为接口服务器，其硬件配置 CPU 型号为 Xeon E5-2 650，内存类型为 DDR4，内存容量为 16GB，硬盘接口类型为 SAS，操作系统支持 Windows Server 2008 R2，Microsoft Windows Server 2012/2012 R2，Red Hat Enterprise Linux 5 Server Edition/Server x64 Edition，SUSE Enterprise Linux Server（SLES）12/12 with XEN，SUSE LINUX Enterprise Server 11 for AMD64/EM64T/11 for x86，Toshiba 4690 Operating System V6，VMware vSphere 5.1（ESXi）/5.5（ESXi），预装软件为 Windows server 2008，asp. net4.6，sqlserver 2014，iis8.0。

服务接入层（4）访问或读取核心数据层（5）内部的数据，必须通过接口服务器（5.1）System x3 650 M5；接口服务器（5.1）System x3 650 M5 为核心数据库（5.2）提供数据读写、上传下载通道。

核心数据库（5.2）用于存储系统全部关键保密数据，也用于隔离各智能终端层（1）和外部数据层（2）的数据。

7.5.5　监控指挥层（6）

本系统中选用某品牌 PowerEdge R730XD 型号作为应用服务器 C 类，其硬件配置为 CPU 型号为 Xeon E5-2 603 v3，主板芯片组为 Intel C610，内存类型为 DDR4，内存容量为 4GB，最大内存容量为 768GB，硬盘接口类型为 SATA，标配硬盘容量为 1TB，操作系统支持 Microsoft Windows Server 2008/2012 SP2，x86/x64（x64 含 Hyper-VTM），Microsoft Windows Server 2008/2012 R2，x64（含 Hyper-VTM v2），Microsoft Windows HPC Server 2008，Novell SUSE Linux Enterprise Server，Red Hat Enterprise Linux，VMware ESX，预装软件为 Windows server 2008，asp. net4.6，sqlserver 2014，iis8.0。

选用品牌 HDMI8T8 型号作为液晶屏阵列控制器，其硬件配置为 CPU 为 E5-2630V4，内存类型为 ECC，硬盘总容量为 1T-2T，硬盘接口类型为 SATA，操作系统为 DOS，预装软件为 Windows server 2008，asp. net4.6，sqlserver 2014，iis8.0。

选用品牌 C27F390FHC 型号作为液晶屏 1…N，其分辨率为 1 920×1 080。

选用大朋 VR 品牌 M2Pro 型号作为 VR 显示控制设备，其处理器为 Exynos

7 420，图形处理器为 Mail-T760@ MP8，内存为 32GB ROM 和 3GB RAM，VR 显示设备为 M2Pro 头显模块，分辨率为 2 650×1 440。

选用雷蛇品牌蝰蛇 2000 型号作为外界输入设备，选用 M2Pro 蓝牙手柄和雷柏品牌 V500PRO 作为外界输入设备。

应用服务器 C 类（6.1）PowerEdge R730XD 通过内网与核心数据库（5.2）交换数据，将结果传入液晶屏阵列控制器（6.3）HDMI8T8 和 VR 显示控制设备（6.2）大朋 VR M2Pro 中；液晶屏阵列控制器（6.3）HDMI8T8 为可视化数据显示核心控制器，将获取到的数据处理绘制图表后分发到液晶屏（6.4）C27F390FHC 上，监控指挥层（6）的工作人员指挥指令通过液晶屏（6.4）C27F390FHC 的触屏或外界输入设备进行输入，向系统发送控制指令，传给智能终端层（1）和外部数据层（2）；VR 显示控制设备（6.2）大朋 VR M2Pro 为 VR 显示操作模块，其将获取到的数据处理绘制场景后，将场景投放到 VR 显示设备上，监控指挥层（6）的工作人员指挥指令 VR 输入设备进行输入，向系统发送控制指令，传给智能终端层（1）和外部数据层（2）。

参考文献

[1] 张秀玲. 视频监控系统研究现状与发展趋势[J]. 科技信息(学术研究). 2008, (36)：341-343.

[2] 郝继辉. 网络视频监控技术的发展和展望[J]. 中国科技信息, 2007(7)：97-99.

[3] 郭瑞霞, 吴运新, 宋跃辉. 智能跟踪视频监视系统研究[J]. 电视技术, 2006 (2)：74-77.

[4] 段军棋, 蒋丹. 远程视频监控系统的设计与实现[J]. 电子科技大学学报, 2002,31(5)：523-528.

[5] Cipolla R, Pentland A. Computer vision for human-machine interaction[M]. Cambridge University Press, 1998.

[6] 张光军. 机器视觉[M]. 北京:北京科学出版社, 2005.

[7] D Xu, X Li, Z Liu, Y Yuan, Cast shadow detection in video segmentation[J]. Pattern Recognition Letters, 2005, 26(1)：5-26.

[8] Anderson C, Bert P, Vander Wal G. Change detection and tracking using pyramids transformation techniques[C]. Proc SPIE Conference on Intelligent Robots and Computer Vision, Cambridge, MA, 1985：72-78.

[9] McKenna Setal. Tracking groups of people[J]. Computer Vision and Image Understanding, 2000, 80(1)：42-56.

[10] Karmann K, Brandt A. Moving object recognition using an adaptive background memory[Z]. V Cappellini, Time-varying image processing and moving object recognition[Z]. Elsevier, Amsterdam, The Netherlands, 1990.

[11] Kilger M. A shadow handler in a video-based real-time traffic monitoring system [Z]. Proc IEEE workshop on applications of computer vision, Palm Springs, CA, 1992：1060-1066.

[12] Stauffer C, Grimson W. Adaptive background mixture models for real-time tracking

[Z]. Proc IEEE conference on computer vision and pattern recognition, Fort Collins, Colorado, 1999(2): 246-252.

[13]Lipton A, Fujiyoshi H, Patil R. Moving target classification and tracking from real-time video[Z]. Proc IEEE Workshop on Applications of Computer Vision, Princeton, NJ, 1998: 8-14.

[14]Collins Retal. A system for video surveillance and monitoring[Z]. VSAM final report, Carnegie Mellon University, Technical Report: CMU-Rl-TR-00-12, 2000.

[15]Azarbayani A, Pentland A. Real-time self-calibrating stereo person tracking using3D shape estimation from blob features[C]. Proc International Conference on Pattern Recognition, Vienna, 1996: 627-632.

[16]边肇祺, 张学工. 模式识别[M]. 北京:清华大学出版社, 2000.

[17]郑南宁. 计算机视觉与模式识别[M]. 北京: 国防工业出版社, 1998.

[18]Jang D-S, Choi H-I. Active models for tracking moving objects[J]. Pattern Recognition, 2000, 33(7): 1135-1146.

[19]Meyer D, Denzler J, Niemann H. Model based extraction of articulated objects in image Sequences for gait analysis[Z]. Proc IEEE international Conference on Image Processing, Santa Barbara, California, 1997: 78-81.

[20]Duda R O, Hart P E, Stork D G. Pattern classification[C]. 2nd Edition. Wiley, 2001.

[21]Maggioni C, Kammerer B. Gesture computer: history, design, and applications [Z]. Computer vision for human machine interaction. Cambridge: Cambridge University, 1998.

[22]钟义信, 潘新安, 杨义先. 智能理论与技术——人工智能与神经网络[M]. 北京: 人民邮电出版社, 1992.

[23]MeCulloch W S, Pitts W. A logical calculus of the ideas immanent in nervous activity[J]. Bulletin of Mathematical Biophysics, 1943(5):115-133.

[24]Rosenblatt F. The perecptron: a probabilistic model of inofrmation storage and organization in the brain[J]. Psychological Review, 1958(65): 386-408.

[25]韩力群. 人工神经网络理论、设计及应用[M]. 北京: 化学工业出版社, 2004.

[26]朱剑英. 智能系统非经典数学方法[M]. 武汉: 华中科技大学出版社, 2001.

[27]飞思科技产品研发中心. MATLAB 6.5 辅助小波分析与应用[M]. 北京: 电子

工出版社, 2003.

[28] 郭丹颖, 昊成东, 曲道奎. 小波变换理论应用进展[J]. 信息与控制, 2004, 33 (1): 67−71.

[29] 杨福生. 小波变换的工程分析与应用[M]. 北京: 科学出版社, 1999.

[30] Zhang Qinghua, Benveniste A. Wavelet network[J]. IEEE trans on NN. 1992, 3 (6): 889−898.

[31] Szu H, et al. Neural network adaptive wavelets for signal representation and classi-fication[J]. Optical Engineering. 1992, 31(9): 1907−1916.

[32] Y C Pati, P S KrishnaPrasad. Analysis and synthesis of feed−forward neural net-works using discrete affine wavelet transofrmation[J]. IEEE transactions on Neural Network, 1993, 4(1): 73−85.

[33] B Deylon, A Juditaky, A Benveniste. Accuracy analysis for waveletapproximation [J]. IEEE transactions on Neural Network, 1995, 6(2): 332−348.

[34] Hopfield J J. Neural networks and physical systems with emergent collective compu-tational abilities[J]. Proc. Natl. Acad. Sci., USA, 1982(79): 2254−2558.

[35] Jun Zhang, et al. Wavelet neural networks for function learning[J]. IEEE trans on sp, 1995, 43(6): 1485−1497.

[36] 张邦礼, 李银国, 曹长修. 小波神经网络的构造及其算法的鲁棒性分析[J]. 重庆大学学报. 1995, 18(6): 88−95.

[37] He Shichun, He Zhenya. Application of recurrent Wavelet neural networks to the digital communication channel blind equalization[J]. Journal of China Institute of Communications, 1997, 18(3): 65−69.

[38] 丁宇新, 沈雪勤. 基于能量密度的小波神经网络[J]. 计算机学报, 1997, 20 (9): 832−838.

[39] 徐晓霞, 等. 基于正交最小二乘算法的小波神经网络[J]. 电子学报, 1998, 26 (10): 115−117.

[40] 何振亚. 用于信号逼近的自适应时延小波神经网络[J]. 电子科学学刊, 1998, 20(5): 604−610.

[41] Kwok−wo Wong, Andrew Chi−Sing Leung. Online successive synthesis of wavelet networks[J]. Neural Processing Letters, 1998(7): 91−100.

[42] 何正友, 钱清泉. 小波神经网络改进结构及其算法[J]. 西南交通大学学报,

1999,34(4):436-440.

[43]李换琴,万百五.基于小波神经网络的大型多辊热连轧机产品质量模型[J].系统工程,2002,20(5):55-58.

[44]李换琴,李晓华,万百五.用于大工业过程建模的新型小波神经网络结构[J].系统工程与电子技术,2004,26(7):941-944.

[45]李换琴,万百五.模块小波神经网络在工业产品质量控制中的应用[J].控制与决策,2004.19(3):295-298.

[46]张大海,毕研秋,邹贵彬,江世芳.小波神经网络及其在电力负荷预测中应用概述[J].电力系统及其自动化学报,2004(4):11-26.

[47]姚峻.基于离散小波变换的小波网络学习算法及其在心电信号识别中的应用[Z].南京:CCNS,1997:605-608.

[48]吕朝霞,胡维礼.小波网络在控制系统中的应用[J].信息与控制,2000,29(6):532-540.

[49]张平,等.MATLAB基础与应用[M].北京:北京航空航天大学出版社,2007.

[50]Math Works. MATLAB compiler user's guide[M]. Version 2,2001.

[51]董长虹.Matlab神经网络与应用:第2版[M].北京:国防工业出版社,2007.